일본 건축 이야기

구마 겐고가 들려주는
일본 건축의 본질과 미래

구마 겐고 지음 | 서동천 옮김

AK

목차

III. 수키야(數奇屋)와 민중
— 요시다 이소야(吉田五十八), 무라노 토고(村野藤吾), 레이먼드 109

요시다 이소야, 무라노 토고와 전후(戰後) | 서구에 의한 좌절과 수키야(數奇屋)의 근대화 | 요시다의 조급함과 모순 | 밝은 수키야와 미닫이 수납 창호 | 선(線)의 배제와 대벽조(大壁造) | 무라노의 유럽 체험과 반도쿄(反東京) | 혁명의 좌절, 북유럽건축의 발견 | 「서쪽」의 수키야 | 간사이의 자그마함, 간토의 커다람 | 대지의 발견 | 약함의 발견과 파편 위에 피는 꽃 | 두 종류의 수키야 | 목재 부족과 얇은 기둥 | 가부키자를 둘러싼 싸움 | 신가부키자에 있어서 무라노의 도전 | 네리코렌지(捻子連子)를 활용한 요시다의 도전 | 모따기와 표층주의(表層主義) | 동과 서의 오래된 집착 | 서쪽의 대륙적 합리성, 동쪽의 무사적 합리성 | 센노 리큐에게 있어서와 동과 서 | 작은 에도(江戶), 큰 메이지(明治) | 작은 건축으로서의 모더니즘 | 수직성에 대한 혐오 | 단게(丹下)의 수직성 | 늙은 말을 탄 돈키호테 | 실험실로서의 수키야 | 중간입자와 덤의 가능성 | 중간입자에 의한 증개축(增改築) | 안토닌 레이먼드(Antonin Raymond)와 일본 | 레이먼드의 바우하우스 비판 | 제재목의 목조와 자연목의 목조 | 민예운동과 샬로트 페리앙 | 체코의 민가와 가설구조물의 자연목 | 레이먼드의 경사 | 필로티에서 사이공간으로 | 토방과 사이공간

IV. 냉전과 잃어버린 10년, 그리고 재생   237

일본의 패전과 일본 — 서양의 균형 붕괴 | 냉전이 불러온, 건축을 매개로 한 미국과 일본의 화해 | 젊은 미국의 상징, 송풍장(松風莊) | 화해가 불러온 일본의 분단 | 단게 겐조의 원한과 전통논쟁 | 토착의 조몬 vs 미국의 야요이 | 단게의 자택 — 궁극의 화양절충 | 자택 철거와 일본과의 결별 | 조몬으로부터 콘크리트로 | 건축에 의한 전후 일본의 분단 | 스즈키 시게부미(鈴木成文)와 우치다 요시치카(內田祥哉) | 니시야마 우조(西山卯三)와 생활로의 회귀 | 51C형과 도큐도(東求堂) | 건축생산과 프리패브리케이션(prefabrication) | 일본 목조주택의 유동성 | 일본의 모듈 | 버블 붕괴와 목조와의 만남 | 머리에서 나오는 것이 아닌 사물에서 생각하는 방법 | 잃어버린 10년과 새로운 일본

들어서며 — 사체(死體)가 아닌 생명체로서

　일본건축에 대하여 글을 써보고 싶다는 생각은 항상 가지고 있었다. 그러나 그 대상은 너무 크고 애매했다. 무려 2000년을 훨씬 넘는 역사가 일본건축에는 새겨져 있었다. 20세기 모더니즘건축을 포함하여 일본 땅에 서 있는 모든 건물은 일본건축이라고 보는 시선도 있을 수 있고, 모더니즘 수용 이전의 전통건축만으로 대상을 좁혀서 협의의 일본건축론이라는 시각에서 서술해 보는 것도 가능할 것이다. 광의의 일본건축론 또는 협의의 일본건축론, 둘 다 본인과는 여전히 거리가 멀게만 느껴졌다. 일본건축은 범접하기 어렵고 글쓰기 어렵다는 생각에 쉽게 착수하지 못하고 있었다.

　내가 국립경기장(2019)의 설계에 참여하게 되었을 때이다. 언론은 한마디로 표현할 필요가 있었을지도 모르겠지만 난처하게도 나를 「화(和)의 대가(大家)」라는 닉네임으로 불렀다. 그 표현에 강한 위화감을 느꼈다. 건축가의 등용문이라고 불리는 건축학회상을 노가쿠(能樂) 무대인

도요마마마치(登米町, 현 도요마 시) 전통예능전승관의 설계로 수상하였고, 긴자 기비키쵸(木挽町)에 있는 가부키자의 재건축 설계에 참여했었기에 「화의 대가」라는 수식어가 붙었다고 생각하지만, 「화」라는 단어나 「대가」라는 단어 모두 내키지 않고 심지어 그런 표현이 따라오는 것은 불쾌했다.

한편 그렇게 불리고 나니 자신이 「화」의 건축가가 아니라는 점, 하물며 『대가』도 아니라는 점을 밝혀두지 않으면 안 된다고 느꼈고, 이를 표출하기 위하여 일본건축론을 써보기 시작하였다. 일본건축이라는 광범위한 대상물을 분석하기 위해서는 보조선 역할을 하는 무언가가 필요하다고 여겼고, 그 보조선 역할은 '나'라는 구체적인 건축가가 담당하였다. 내가 생산한 다양한 작품, 건축가로서 자신이 살아온 세기의 변곡점, 변화와 억양(抑揚)이 넘치는 시대 흐름 등을 보조선으로 삼고 글을 쓰기 시작하자 의외로 펜이 움직이기 시작했다.

어떠한 시대, 어떠한 입장에서 바라볼 것인가에 따라 일본건축이라는 이미 사라져 간 먼 과거의 대상이 전혀 다른 형태와 다른 얼굴로 모습을 드러내게 된다. 일본건축은 우리의 일상을 다양하게 비추고 있는 거울인 것이다. 즉 건축가들이 일본건축을 어떻게 인식하고 표현했는가에 주목해 보면 그 시대의 특질과 그 건축가가 처한 상황이 명확히 드러난다. 일본건축을 하나의 거울이라는 시각에서 기술하는 것 ― 이는 내가 살아온 나날을 비추는 거울로서의 일본건축이며, 나보다 조금 앞선 시대를 살았던 선배 건축가와 대선배 건축가는 일본을 어떻게 인식하였는지, 이를 통해 묘사하는 하나의 일본론이라 할 수 있다. 그렇게 하면서 일본건축이 일종의 생물과 같이 부상하는 것이 느껴졌다. 생물로 인식하는 것은 사회적, 정치적, 경제적인 존재로서 일본건축을 재발견하는 것이다.

　생물로서의 일본건축론과 정반대에 자리하는 것이 조상님들이 살아오신 흔적이므로 과거에 감히 손을 댈 수 없다는 인식에서 일본건축을 바라보고 기술하는 방식이다. 이 기술 방식은 메이지(明治)시대 이후 서구의 건축이 도입된 것과 깊은 관계가 있다. 당초 유럽의 양식건축, 이후에는 유럽과 미국의 모더니즘건축이 무서운 기세로 일본에 유입되면서 일본의 도시와 전원의 풍경은 일변하였다. 그 거대한 모더니즘의 파도에 대응하기 위하여 일본건축을 일종의 대단한 사체로 취급하는 움직임이 생겨난 것이다. 서구건축과는 완전히 다른 차원에 속하는 귀중한 유물로 취급함으로써 서구의 건축을 비판하고 서구에 대항하고자 했다고도 볼 수 있을 것이다. 그런 입장 속에서 화의 대가라고 하는 단어 구사가 생겨난 것이다. 사체를 취급하는 사람을 대가라고 특별대우를 하며 떠받들었고 그렇게 차별이 행해진 것이다. 본인이 그렇게 불리는 것에 반감을 갖게 된 것은 이 닉네임 배후에 사체가 있음을 느꼈기 때문이고, 사체화를 통한 논의의 거부, 단절, 불모가 느껴졌기 때문인 것이다.

일본건축의 사체화는 구체적으로는 정통적인 사체를 정례(整列)시키는 수법을 취하였다. 이세진구(伊勢神宮)를 비롯해 가쓰라리큐(桂離宮), 타이안(待庵) 순으로 하나의 줄을 세워 반듯하게 정통적인 사체들을 정렬시키고 이를 일본건축의 유일한 계보라고 신성화하는 방식인 것이다.

그렇게 하나의 라인으로 일본건축을 기술하는 방식은 메이지(明治)에서 헤이세이(平成)에 이르는 일본 근현대사와도 깊이 관련되어 있다. 이 나라의 역사를 들여다보면 거기에는 하나의 라인으로 기술하기 어려운 다양성이 있고, 복수의 라인으로 들여다보아야 하는 특징들이 넘쳐난다. 국가 위상의 정체성 확립을 제일의 목표로 삼았던 메이지시대, 일본 고유의 복수 라인을 기반으로 정리하여야 하는 특징은 버려 버리고 일본을 유일한 단일 라인으로 기술하여 이를 이론의 여지가 없는 신성성을 가진 라인으로 신격화한 것이다.

사실 가마쿠라(鎌倉)시대의 경우, 교토를 중심으로 하는 중앙집권시스템의 붕괴가 지방을 각성시킨 사례에 해당하는 시기이고, 에도시대는 독자적 문화와 경제를 갖는 번(藩)이라고 하는 작은 단위로 구성된 다극체(多極體)였다. 건축물의 경우, 이세진구는 원래 중국건축의 영향을 크게 받은 혼합물이다. 식년천궁(式年遷宮)[1]이 이루어질 때마다 형태나 디테일이 변하는 이세진구의 경우, 그 디자인의 역사는 신성한 하나의 흐름으로는 그려낼 수 없는 것이었고 실제는 난잡한 혼선으로 얽혀 있었다. 그러다가 메이지유신 이후 근현대 일본은 강제로 화(和)라고 하는 하나의 흐름에 집어넣고 망각을 통한 신격화를 이루었다.

이른바 「양(洋)」의 건축을 도입하고자 했던 신흥 「상업

---

1) 동과 서로 동일한 규격의 부지를 마련해 놓고 20년에 한 번씩 새로 신궁(神宮)을 재건하여 옮겨가는 것을 뜻한다.

회사」도, 「화」의 역사를 지켜내고자 했던 「골동품상」도 모두 단일 라인의 역사관을 환영하였다. 「양」 측에서는 차가운 시체가 되어 얌전히 있어 주기를 바랐고, 「화」 측에서는 유서 깊고 장엄한 것으로서 존경받는 채로 있는 것이 바람직했다. 그래야 비지니스에도 도움이 됐다.

지금 우리는 이 속박으로부터 겨우 자유로워지고 있다고 할 수 있다. 그 계기 중 하나가 재해와 전염병이다. 당장 코로나바이러스 판데믹은 중앙집권형, 도시집중형 사회모델의 종언을 명확히 했다. 사실 20세기 후반 정보기술이 진보함에 따라 사회, 문화, 경제의 집중형 중심구조는 이미 파괴되고 과거 속으로 자취를 감추었다. 단일 라인으로 해석하는 흐름은 이미 오래전부터 파국을 맞이하고 있었다. 그럼에도 불구하고 하나의 중심에 대한 의심을 거두고 그 중심구조의 상징인 초고층을 거대 도시에 지속적으로 건설했던 우리의 태만이 드디어 부서지게 된 것이다. 지금이야말로 다양한 흐름을 드러내어 우상파괴적 생명체로서의 일본건축론을 묘사하여야 하는 시기인 것이다.

I. 일본이라고 하는 모순

-구축성과 환경성

시작이 된 나무상자

그 작은 나무상자를 아버지가 처음 보여준 것은 초등학생 때쯤이었다.

「브루노 타우트라고 하는 건축가를 아니?」타우트라고 하는 독일의 세계적 건축가가 그 작은 나무상자를 디자인했다고 아버지가 나직이 얘기했다. 원래 나는 친구집에 놀러 가면 그 집의 디자인이 궁금하여 호기심어린 눈으로 집 안팎을 둘러보고, 그 센스와 인품의 관련성을 비교하곤 하는 삐딱한 아이였다. 그런 식으로 건축에 대한 흥미가 깊어져 갔다. 특히 초등학교 4학년 가을, 1964년의 도쿄올림픽에서 단게 겐조가 설계한 국립요요기경기장(제4장 그림 10)을 보고 나서는 건축가가 되려는 것을 꿈꾸었다. 두리번거리면서 건물을 보며 거리를 걸어 다니고, 건축이나 도시라는 단어가 제목에 있는 책을 읽어 나갔다. 콘크리트와 철로 만들어진 요요기경기장은 당시 내 주변에 있던 저층의 목조건축군과는 이질적이었고, 그래서 더 멋있게 보이기도 했다. 건축가가 되기로 마음먹은 계기가 여기에 있었다.

그러한 나에게 아버지가 보여준 상자는 목제이지만 일본풍도 아니고, 그렇다고 모더니즘 디자인도 아닌 특이

그림 1 타우트의 나무상자

한 디자인을 한 것이었다.(그림 1) 아버지는 원래 일본풍에는 관심이 없고 색이 진하고 내가 보기에는 약간 고루한 민속예술풍 가구를 좋아했다. 고루하다는 것은 사회학적·정치적으로 번역하자면 가부장적이고 남성중심주의적이라고 할 수 있다. 나는 그 고루함에 반감이 있어서 어릴 적부터 민속예술에는 딱히 친근감을 느끼지 않았다. 한편 아버지는 일상생활에 사용하는 식기의 경우에는 오히려 장식도 문양도 없는 백색의 모더니즘 디자인으로 된 것을 사들였다.

타우트의 상자는 그 어느 쪽도 아니었다. 원주형이라고 하는 단순한 기하학적 형태만으로 조합하여 추상적으로 디자인한 것은 모더니즘이었지만, 느티나무의 질감

그림 2 소인(燒印)

이 따뜻하게 느껴져서 모더니즘 특유의 차가움과 딱딱함은 없었다. 느티나무의 색감은 밝지도 어둡지도 않은 중간 정도로, 모더니즘 디자인이나 민예품 또는 전통 식기와도 또 달랐다. 게다가 전체적으로 극히 얇게 만들어졌다. 나무라고 하는 생생한 물질로 만들었으면서도 그 생생함을 부정하지 않으려고 하는 충동이 돌출된 듯 모든 부분이 얇고 반들반들하다. 특정 사회계층, 특정 젠더로 분류하기 어려운 모순으로 가득 찬 양면성이 참으로 불가사의하면서도 매력적이었다. 고개를 갸우뚱하며 밑바닥을 들여다보니 「타우트/이노우에(井上)」라고 일본어 소인이 있었다. 「뭐야? 타우트라고 했지만 사실은 일본제의 복사본인 거야? 이노우에는 누구지?」라고 생각하며 의문이 커져갔다.

타우트 vs 포멀리즘

그 후 건축을 전문적으로 공부하기 시작하고 그 불가사의한 나무상자의 정체도, 그리고 타우트라고 하는 건축가의 미묘한 위치도, 그리고 이노우에 이치로(1898~1993)가 일본의 건축사에서 담당했던 역할도 조금씩 알게 되었다. 브루노 타우트(1880~1939, 그림 3)는 초기 모더니즘건축의 리더이며 「모더니즘의 거장」이라고 칭송받는 르 코르뷔지에(1887~1965), 미스 반 데 로에(1886~1969)보다 수년 먼저 철의 기념탑(1913), 유리집(1914, 그림 4)이라고 하는 소재를 테마로 하는 두 개의 작품으로 세계적 평판을 얻었다. 공업화시대를 대표하는 철과 유리라고 하는 재료를 사용하여, 그 신소재의 조형적 가능성을 철저히 추구한 두 작품은 박람회를 위한 가설 파빌리온으로 건립되었다. 가설 시설물이었으므로 실험적이고 도전적인 형태로 재료 사용의 극한을 추구하여 세계를 놀라게 하였다.

그러나 그 후 1920년대, 코르뷔지에와 미스는 콘크리트와 철을 활용하여 보다 심플하면서도 추상적인 형태를 추구하면서 단번에 건축계의 정점에 서게 되었다. 타우트는 모더니즘 전야의 표현주의적 조형작가, 즉 「자의적

그림 3 타우트 　　　　　　　그림 4 유리집

인 형태를 사랑한 이」라고 생각되어 모더니즘건축 주역의 자리를 코르뷔지에와 미스에게 허무하게 넘겨주게 되었다.

　주역의 자리에서 물러난 타우트는 코르뷔지에와 미스가 화려하게 데뷔한 1920년대에 베를린 주택공급공사 게하크의 주임 건축가로 임명되었다. 제1차세계대전 이후, 바이마르공화국의 사회주의적 건축하에서 노동자를 위한 양질의 주거환경 확보를 목표로 한 집합주택 — 지드룽(Siedlung)이라고 불리었다 — 의 책임자로서, 12000호에 달하는 수의 지드룽(그림 5) 설계에 참여하였다. 부르츠 집합주택으로 대표되는 이 시기 타우트의 작품군은 코르뷔지에나 미스 등의 심플하고 각진 형태나 미니멀

그림 5 베를린 부르츠의 지드룽(타우트, 1925-1931)

하며 금욕적인 색채도 없는, 얼핏 보면 소박하고 평범하다고 할 수 있을 정도였다. 그러나 부드러운 형태와 따뜻하고 편안한 색채, 휴먼 스케일의 감각, 자연과의 공존은 사람이 사는 환경으로서 코르뷔지에나 미스의 건축보다 훨씬 호감도가 높다고 내게는 느껴졌다. 이 부르츠의 중정 한가운데 타우트가 디자인한 불가사의한 형태를 가진 숲속에서 나는 새들의 지저귐을 들으며 선잠에 들었다.

그러나 히틀러정권은 좌익 편향에 환경 지향의 타우트를 「볼셰비키주의자」로 간주하고 요주의 인물로 지정했다. 수감될 우려가 있겠다고 판단한 타우트는 1933년 3월 1일 베를린을 떠나 시베리아철도를 경유하여 5월 3일 동해에 면하고 있는 쓰루가(敦賀) 항에 도착한 것이다.

타우트가 목적지로 왜 일본을 선택했는지에 대해서는

그림 6 빌라 사보아(코르뷔지에, 1931)

여러 설이 있다. 1932년경, 일본의 모더니즘건축운동을 선도하는「일본인터내셔널건축회」로부터 초청을 받았던 것은 확인된 바이고, 일본을 경유하여 최종적으로 나치와 대항하고 있던 미국에 망명하는 것을 기획하고 있었다는 설도 있다. 그러나 가장 큰 이유는 타우트가 일본이라고 하는 장소에 막연하고 딱히 근거도 애매하지만 기대를 품고 있었던 것은 아닐까, 나는 생각한다.

타우트는 코르뷔지에와 미스로 대표되는 모더니즘건축가를 포멀리스트라고 비판하였다. 코르뷔지에와 미스의 전략은 대표작인 빌라 사보아(1931, 그림 6)와 같이 그 장소, 그 지면과 단절된 채 뒤는 형태를 만드는 것이었다. 이는 장소와 건축을 연계시킨다고 하는 가장 중요한 점을 소홀히 한 것이라고 타우트가 비판하였다. 그의 포멀리즘 비판에 대한 핵심이 여기에 있다. 모더니즘이 단절에 기반한다는 점을 타우트는 꿰뚫었고, 단절하는 것으로 형태만 앞세우는 전략의 폭력성을 간파하였다. 그 포멀리즘을 극복하기 위해서 타우트는 장소와 하나되고 시민을 위한 편안한 집을 짓기 위하여 지드룽 설계에 열정을 쏟았다. 그러나 당시의 건축계는 인간적이고 밋밋한 지드룽에는 주목하지 않았고 코르뷔지에와 미스의 날선 모습의 포멀리즘을 시대의 총아로 대접하며 확산시키고 있었다.

본의 아니게 꽉 막힌 채 살아가던 타우트는 일본이라고 하는, 여러 측면에서 멀기만 한 장소에서 한 줌의 가능성을 느꼈다. 그리고 나치정권의 등장이라는 정치적 우연에 등 떠밀려 일본을 찾게 된 것이다. 그리고 일본은 기대했던 이상의 것을 타우트에게 안겨주었다.

가쓰라리큐(桂離宮)라고 하는 「기적」

1933년 5월 3일 쓰루가 항에 도착한 타우트는 다음 날인 5월 4일 일본인터내셔널건축회 사람들과 함께 교토

로 가서 가쓰라리큐를 방문했다. 그날은 타우트의 인생
에서 가장 특별한 날 중 하나가 되었다. 그날은 우연히도
타우트의 생일이기도 했다. 정원에 들어가기 전 가쓰라
가키(桂垣)라고 불리는 살아 있는 대나무로 구성된 울타
리와 조우하였다. 자연과 인공 사이에서 허공에 걸려 있
는 듯 독특한 생울타리를 목도하고 타우트는 눈물을 흘
렸다고 전해진다.

순수하면서도 불필요함이 없는 건축, 마음을 울린다.
— 무구(無垢)— 그렇다. 아이와도 같이. 오늘 우리의 동
경(憧憬)이 실현되었다.

아마도 가장 멋진 생일일 것이다.
(Bruno Taut in Japan DAS TAGEBUCH ERSTER BAND 1933.)

타우트는 가쓰라리큐에서 코르뷔지에, 미스 등의 포멀
리즘건축, 폭력적인 단절의 건축을 대신할 새로운 가능
성을 발견하였다. 그리고 타우트는 가쓰라리큐를「기적」
이라고 부르게 되었다. 그「기적」의 본질에 대하여 타우
트는「관계성의 건축」이라고 답하였다.

이 기적의 본질은 관계의 양식 — 이른바 건축된 상호
적 관계에 있다.

(브루노 타우트, 『일본미의 재발견(日本美の再發見) 증보개역판』, 이
와나미신서)

일본건축은 형태의 건축이 아닌 관계성의 건축이라고
하는 타우트의 지적은 그 후 여러 측면에서 나에게 힌트
를 제공하였고 나를 이끌어주었다. 타우트는 정원과 건
축의 관계성이 그 기적의 원천임을 꿰뚫고 있었다. 고서
원(그림 7), 츠키미다이(月見臺)의 대나무발 마루로 대표되
는 다양한 접속장치가 정원과 건축, 정원과 인간 사이의
「관계」를 정의하고 관계를 창조해 간다. 그 관계의 결과
로서 가쓰라리큐는 특별한 존재가 되었고 「기적」이라 할
만한 점을 타우트가 발견한 것이다.

공업화사회란 상품을 대량으로 생산하고 판매하는 방
식으로 경제를 움직이는 사회를 말한다. 그 시스템을 필
요로 했던 것은 단순하고 복잡하지 않은 상품이었다. 상
품이란 단절의 다른 이름이었다. 건축에서도 그러한 「상
품」디자인에 특출난 코르뷔지에와 미스가 시대의 총아
로서 명성을 얻었던 것이다. 「관계」라고 하는 애매하고

그림 7 가쓰라리큐의 고서원,
니노마(二の間)에서 정원을 바라본 모습

복잡한 것을 이해하고자 하는 열정을 20세기 초의 공업화사회는 가지고 있지 못하였다.

가쓰라리큐는 천황 가문의 일원이었던 하치조노미야(八條宮) 도시히토(智仁) 친왕(親王)에 의해 조영된 일종의 궁전이다. 그러나 이 궁전은 어떤 의미에서 놀랄 정도로 소박하다는 점에 타우트는 경탄하였다.

그렇다면 유럽의 궁전과 일본의 「궁전」 사이의 차이는 어디에 있는 것일까? 유럽의 궁전이나 성은 아무리 작은 규모라고 하더라도 어떻게든 계급을 표출하는 특징을 띠고 있다. 또 궁전의 건설자는 서민계급을 대상으로 자신들이 가진 문화수준의 모범을 보여주고자 하는 의도를 담고 있다. ― 과연 이 점은 가쓰라리큐에 있어서도 마찬가지이다. 그러나 유럽의 궁전에서는 궁정생활과 서민계급의 격차를 명확히 강조하고 있다. 분명 가쓰라리큐에도 궁정생활이 있었다. 그렇지만 여기에는 옛 유럽에서 보이는 계급적 거리가 전혀 느껴지지 않는다. (중략) 가쓰라리큐는 수많은 결정적 측면에서 어떠한 일본주택보다 말 그대로 간소하다.

　(앞의 책,『일본미의 재발견(日本美の再發見) 증보개역판』, 이와나미 신서)

　건축역사학자 후지오카 미치오(藤岡通夫, 1908-1988)는 마치 타우트의 지적에 답하는 것처럼, 그의 저서『교토고쇼(京都御所)』(중앙공론미술출판)에서 고쇼(御所)의 세부를 철저히 조사해서 세계 각국의 궁전건축과의 비교를 통해 이렇듯 소박한 궁전건축은 세계적으로도 유례가 없다는 점을 다음과 같은 문장으로 정리하였다.

　이상으로 교토고쇼 내의 주요 건물의 견학을 마치지만

여기에서 보이는 것은 헤이안(平安)시대의 옛 제도를 잇고 있는 궁전양식으로부터 근세 말기의 궁전양식에 이르기까지의 변화무쌍한 일련의 건물군이다. (중략) 그리고 거기에는 지극히 간소하면서도 실용성을 추구한 건축구조가 확인되는 것으로, 극치의 화려함으로 위압하는 외국의 궁전과는 완전히 다른 양식이 보이는 것은 경이스럽기도 하다.

후지오카의 지적은 타우트가 발견한 소박함을 일본건축 전문가의 눈으로 검증하고 승인한 것이라고도 할 수 있다.

무엇이 이 간소한 주택을 그렇게도 특별한 것이라고 여기도록 하는 것일까? 정원과의 관계성이 그 핵심이고 전부라는 것을 타우트는 간파한 것이다. 형태가 아닌 관계성이야말로 그 풍요로움의 원천인 것이다.

가쓰라리큐, 이세진구 vs 닛코도조구(日光東照宮)

이 발견을 기반으로 타우트는 일본의 전통건축 전반에

그림 8 가쓰라리큐

대해 대담히 정리하였다. 타우트는 가쓰라리큐(그림 8)와
이세진구가 일본건축에 있어서 양질의 부분이며 모던을
대표하는 것이라고 간주하고 찬미하였다. 반대로 닛코
도조구(그림 9)를 일본건축의 악취미이며 저속한 부분을
대표하는 것이라고 비판하였다. 이 두 가지 일본문화의
근원에 대하여 타우트는 궁정문화와 무가문화의 대립으
로 이해하였다. 가쓰라리큐와 이세진구는 둘 다 천황가
의 문화, 즉 왕조적 성격과 관계된 것이며, 닛코도조구는
에도(江戸) 막부(幕府), 즉 무가문화와 깊이 관련되어 있다
고 타우트는 결론을 내리고 일본에 대하여 정리하였다.

그림 9 닛코도조구

　일본 전통문화 속에서 두 가지 대립적인 요소를 도출하고자 하는 시도는 타우트가 처음은 아니었다. 이 이항대립형(二項對立型) 일본론의 근간을 이루는 것은 일본을 중심이 아닌 변경으로 인식하고 강력한 중심의 영향을 받아 지속적으로 농락당했다고 간주하는 일종의 피해의식과 열등감에 있다고 나는 추정한다. 그리고 그 피해의식은 농락당하면서도 본질은 유연하게 유지하였으며 불변의 일본을 구축하였다고 하는 일종의 선민의식으로 용이하게 반전되었다.

　피해의식과 선민의식이 복잡하게 섞여 있는 합금상태

가 일본인의 마음 속에서는 풍경처럼 존재해 왔다. 예로 부터 중국의 역사서를 참고하여 한문으로 작성된『일본 서기』의 대륙적 세계관과 변체한문(變體漢文)으로 작성된 『고서기』의 일본 국내적 세계관이 대립하면서 상호 보완 을 꾀하였다. 모토오리 노리나가(本居宣長)는 외래적인 유 교의 가르침을「한의(漢意)」라고 비판하고 오히려「모노노 아와레(もののあはれ)」[1]라고 하는, 사물을 보고 느끼고 접 하며 깨닫는 감정이야말로 일본의 정서라고 여기며『고 사기』연구에 몰두하였다.

　그러한 의미에서 타우트의 일본론은『일본서기』vs『고 사기』라고 하는 모토오리의 이항대립을 무의식적으로 계승한 것이기도 하다. 그가 모토오리의 서적을 접한 적 은 없겠지만 의식하지 못한 채로「모노노아와레」를 계승 하였고, 서민문화와 연결될 수 있는 소박한 왕조문화는 찬미하면서도 그 뒤를 이은 물질적 무가문화는 비난하였 다.

---

1)　신사에서 정기적으로 신전을 새로 조영하는 행사를 식년조체(式年造替)라고 하는데, 이세진구(伊勢神宮)에서는 20년마다 식년조체가 이루어지고 이를 식년천궁(式年遷宮)이 라고 한다.

일본건축론의 오랜 역사에서 이 이항대립은 반복되었다. 수키(數寄)라고 하는 미학을 완성했다고 여겨지는 센노 리큐(千利休)는 규칙적으로 정확히 기둥을 세우는 쇼인즈쿠리(書院造)의 딱딱한 형식을 비판하고, 빈곤하여 장식을 취하지 못한 민가는 찬미하였다.「모노노아와레」의 연장선상에서 서민적이면서도 유연한 수키의 미학이 탄생하였다.

메이지유신 이후에도 이러한 이항대립형 배타적 일본론은 대상과 주체를 바꾸며 반복되었다. 중국의 유교적「한의」와 일본의「모노노아와레」중 한쪽이 추앙되고 다른 한쪽은 천시되어 왔다. 메이지시대 서구건축교육을 모범으로 하여 부국강병을 위한 공학교육의 거점 역할을 위해 설립된 도쿄대학 건축학과에서는 국가의 흥망과 깊은 관련성이 있는 나라(奈良)의 오래된 사찰과 신사 건축만을 중시하였다. 반면「모노노아와레」를 대표하는 다실(茶室)은 개인적인 취미의 발로로 취급하여 연구대상으로 서조차도 인정받지 못하였다. 1920년 설립된 교토대학 건축학과의 기반을 다진 인물로 알려진 건축가 다케다 고이치(武田五一, 1872-1938)는 자신도 도쿄대학 출신임에도 불구하고 도쿄대학의 역사관에 이의를 제기하고 다실 건축의 연구를 장려하였다. 교토라는 땅에 불규칙적이고 개인적인 것을 중요시하는 새로운 건축교육을 뿌리내린 것이다.

다만, 도쿄대학에서 교편을 잡았던 본인의 입장에서 한마디 덧붙여볼 만한 부분이 있다. 고부대학교(工部大學校, 나중의 도쿄대학) 건축학과는 당시 교수로 고용된 외국인 건축가 조사이어 콘더(1852-1920)를 중심으로 편성되었으며, 일본 최초의 서구건축 교육기관으로 간주된다. 여기에 이토 추타(伊東忠太, 1867-1954, 그림 10)라고 하는 반역자가 등장하였다. 이토는 콘더를 필두로 하여 서구건축교육을 중심으로 하는 변형된 「한의」 체제 속에서 일본건축사를 처음으로 가르쳤고, 스스로 일본 vs 서구의 구도를 조소하듯 쓰키지혼간지(築地本願寺, 1934, 그림 11)로 대표되는 독창적 건축을 설계하였다.

이토는 호류지(法隆寺)가 일본 최고(最古)의 사찰이라는 점을 실증적으로 제시하고, 또 호류지 기둥의 중심부가 두꺼운 배흘림 형태는 고대 그리스건축의 엔타시스에서 유래한다고 하는 설을 주장하여(1893) 건축계는 물론이고 학계 전체에서 반향을 불러일으켰다. 이토는 어떠한 구

그림 10 이토 추타
(伊東忠太)

체적인 근거도 제시하지 않고 이 엔타시스설을 발표한 것이다. 그럼에도 불구하고 사람들은 이 특이한 주장에 빠져들었다. 마치 다케다 고이치(武田五一)가 그랬던 것처럼, 교토의 와쓰지 테쓰로(和辻哲郎)가 『고사순례(古寺巡禮)』(1919)라는 책에 소개하면서 이토의 주장은 전문가를 넘어서 일반 사람들도 흥분시켰다.

이토와 와쓰지는 서구세계 중심 중에서도 최중심이라 할 수 있는 파르테논(그림 12)과 호류지를 갑자기 연결시키면서 일본건축에 서광을 비추었다. 타우트는 가쓰라 리큐, 이세진구를 들어 파르테논에 필적하는 걸작이라고 단언하였지만, 이토는 타우트가 언급하기 훨씬 전부터 호류지의 원기둥과 파르테논의 원기둥을 무리하게 연결시켜, 서구를 배우도록 강요받았던 일본인들의 굴욕을 일거에 해소하였다.

그리하여 일본건축은 서구인들에게는 스스로를 돌아보는 거울로서, 일본인들에게는 자기긍정의 재료로서 때

그림 11 쓰키지혼간지(築地本願寺, 이토 추타, 1934)

때로 주목받게 되었다. 일종의 정신안정제로서 이따금 이용되었던 것이다.

서구세계에서 한계를 느꼈던 불운한 서구인의 욕구불만과 서구의 유입에 불만과 굴욕을 느낀 일본인의 욕구불만이 어우러져 불을 지핀 것이다. 타우트와 이토 추타는 서구화가 가져온 거대한 사회적 스트레스 속에서 비슷한 유형의 심리적 기제를 이용하여 서구와 일본을 연결시키고 서구화에 지친 일본인들의 갈채를 받을 수 있었던 것이다.

그리고 그「일본 발견」이후에 이토와 타우트는 그 갈채에 책임을 느끼기라도 한 것처럼 일본과 그리스를 연결하는 중간과정을 찾기 위한 여행을 떠났다. 당시 메이

그림 12 파르테논신전

지정부는 유학에 대하여 유럽만 인정해 주겠다는 방침을 가지고 있었는데 이에 반발하듯 이토는 중국, 인도, 튀르키예 등지로 여행을 떠났고, 그러고 나서도 아시아 각지로의 여행을 감행했다. 타우트는 일본 체류 이후에는 튀르키예로 옮겨 튀르키예의 대학에서 교편을 잡았다. 그곳에서 일본풍의 팔각지붕을 얹은 특이한 자택(그림 13)을 보스포루스해협이 보이는 언덕 위에 설계하여 일본과 서구의 중간고리를 구체화하는 것에 열중하는 모습을 보였다. 그러나 그 의지를 한참 표출하던 때 팔각당을 남기고 갑자기 튀르키예에서 객사하고 만다.

와쓰지, 다케다로 대표되는, 중심에 반대하는 교토의 공기 속에서 생겨난 일본인터내셔널건축회는 앞에서 언

그림 13 튀르키예의 타우트 자택 (1938)

급한 것처럼 타우트를 초빙하였고 타우트는 그들의 안내를 받아 가쓰라리큐를 방문하였다. 이는 일종의 역사적 필연처럼 느껴진다. 포멀리즘과는 연관성이 없는 빈의 요셉 호프만 아래에서 공부한 건축가 우에노 이사부로(上野伊三郎, 1892-1972)를 중심으로 하는 인터내셔널건축회는 반중심적이고 반「한의(漢意)」적인 공기가 지배하였고, 이는 나치에 의해 추방당한 타우트와 공명할 수 있었던 것이다. 그 공명이 최종적으로 타우트가 중간고리를 찾아 나서도록 인도하였다.

서구의 이항대립

혹시나 하여 첨언해 두자면, 피해의식에서 유래하는 이항대립형 문화론은 결코 일본에만 해당하는 것은 아니다. 외래적, 후발적인 것과 본래적, 근원적인 것의 대립을 관점으로 하는 역사관은 역사속에서 가장 흔하게 다루어지는 보조적 개념이며 가장 이해하기 쉬운 개념이기도 하다.

예를 들어 클래시시즘(고전주의) vs 고딕이라고 하는 이항대립도 그 일종이었다. 이 대립은 서구건축계에 있어서 최대의 관심사로 여겨졌다. 고전주의건축은 고대 그리스나 로마에서 시작되어 르네상스에서 부활을 이루었다. 가장 정통적이고 가장 윤리적인 건축양식이라고 보는 시각이 한편에 있는가 하면, 반대로 고전주의건축은 외래적이고 인공적인 것이므로 고딕건축이야말로 유럽이라는 장소를 기반으로 서민의 전통과도 연계되는 지극히 근원적인 양식이라고 보는 시각도 한편에 존재한다. 이 논쟁은 유럽이란 도대체 무엇인가라고 하는 논의와도 관계가 있는 것으로 그 결착은 거의 불가능하다고 보아야 할 것이다. 서구의 중심에서조차 피해의식과 열등감이 존재하였으며, 「한의」와 「모노노아와레」로 통하는 이항대립이 끊이지 않고 이어져 내려왔다. 이는 본고에서 반복되는 「구축적인 것」과 「환경적인 것」, 그리고 「선진적인 것」이라고 하는 보편적 논의의 일종의 변주곡인 것이다.

20세기에는 전통건축 vs 모더니즘건축이라고 하는 이항대립이 생겨났다. 클래시시즘이건 고딕이건, 전통건축은 과거의 양식을 타성에 젖은 채 계승하여 실제 생활과는 괴리된 부자연스러운 것이므로, 모더니즘건축이야말로 현대의 생활양식을 정식으로 반영한 가장 본질적인 것이라고 보는 것이 후자의 주장이었다. 모더니즘의 미학은 번성하는 공업화사회를 정당화하고 합리화하는 논리의 산물에 지나지 않는다.

이러한 이항대립의 논의에 익숙했던 타우트는 그 논의의 형식을 자신의 눈앞에 나타난 가쓰라리큐와 도조구에 그대로 적용하였다. 건축미학도 또한 그 시대와 장소로 한정될 수밖에 없고 시대와 장소로부터 자유로워질 수 없다. 그리고 일본의 전통건축을 어떻게 볼 것인가라고 하는 미학적 판단도 마찬가지로 그 시대로부터 자유로워질 수 없다. 미학이야말로 시대의 제약이 있고, 그 시대의 정치, 경제에 의해 제약되는 것이다.

그 결과로서 1933년의 교토라고 하는 시대와 장소가 타우트의 가쓰라리큐 찬미와 도조구 비판을 불러일으켰다. 고귀한 천황가로 이어지는 왕조적인 것은 찬미되고, 군부세력을 방불하는 무가적인 것, 도쿠가와(德川)적인 것은 비판받는 것이다. 타우트는 그 근거로 정원을 중심에 놓고 주역으로 삼는 가쓰라리큐의 환경적인 구성과 소박하다고 할 수 있는 건축물의 서민성을 들었다.

타우트에 의해 가쓰라리큐는 「발견」되고 일본을 대표하는 유일무이의 문화유산이 되었다고도 할 수 있지만, 실제로 1933년 시점에서 이미 가쓰라리큐는 교토를 대표하는 문화유산으로 간주되고 있었다. 그러나 이 시기 가쓰라리큐는 오로지 조원(造園)과 랜드스케이프 분야에서만 중요시되었고 건축 분야에서는 활발히 논의가 이루어지지 않았다. 따라서 타우트는 가쓰라리큐를 결코 「발견」하였다고 할 수 없고, 「정원」이었던 가쓰라리큐를 「건축」의 가쓰라리큐로 전환시킨 것이라 할 수 있다. 그러나 그 전환이야말로 건축사에 있어서 일대의 사건이었다고 나는 생각한다.

건축 자체는 서민적인 평범한 것이라고밖에 볼 수 없지만 정원디자인을 통해 공간 전체의 질을 높일 수밖에 없었던 저비용 공영주택(지드룽)을 설계했던 타우트의 경험이 그 전환의 계기였다. 타우트는 이미 그의 대표작이었던 브리츠 집합주택에서 건축에 의해서가 아닌 정원에 의해서 인간과 자연을 연계시키는 작업에 성공하였던 것이다.

폭력적 단순함을 추구하는 건축형태로 건축계의 스타가 된 코르뷔지에나 미스에 반하여 타우트는「정원」을 만들어보는 시도를 하였다. 예산이 부족한 공영주택이었기에「정원」조성이라고 하는 방법을 취할 수 있었다. 가쓰라리큐라고 하는 강력한 동료를 얻은 덕분에 타우트는 큰 반향을 불러일으킬 수 있는 확실한 실마리를 잡았고,「인생 최고의 생일」을 경험할 수 있었던 것이다.

일본과 서구의 거리와 반격

일본 전통건축은 그냥 그 형태 그대로 존재하였을 뿐인데 다양한 반격의 무기로 발견되었다. 그 시대 그 장소에서 일본건축의 복잡한 다양성 속에서 특별히 무언가 한 가지가 독특한 부분으로서 발견되었고, 이는 반격의 무기로 활용되었던 것이다. 그러한 의미에서 일본건축은 시대를 비추는 거울이며 상황을 비추는 거울이었다. 문화적인 상황뿐만 아니라 사회, 정치, 경제의 거울이었던 것이다.

그 발견과 반격의 관계성은 내가 보기에 서구와 일본의 거리에서 유래한다고 생각한다. 일본은 물리적으로나 문화적으로나 서구와는 매우 멀다. 가까이 있는 것을 비판하고 반격하고자 할 때, 멀리 있는 것을 이용할수록 더욱 힘이 생긴다. 가까운 것들 사이에서의 대립에서 상대의 비천함과 부족함을 보여주고자 한다면 이에 필요한 힘은 멀리 있는 것에 감추어진 경우가 많다. 거리와 반격의 힘은 반비례하는 것이다. 일본이라고 하는 멀리 있는 존재는 그런 의미에서 귀중하였다. 일본이라고 하는 거울이 그렇게 멀리 있기 때문에 때때로 반격의 도구로서 활용되었던 것이다.

그리고 중요한 것은 이 거울은 단지 서구에 의해 참고하는 정도에 머물지 않고, 서구 그 자체를 실제로 변혁시키기도 하였다는 것이다. 타우트에 의한 「정원」과 「소박함」의 발견은 서구의 건축디자인에 실질적으로 큰 영향을 미쳐 왔다. 그리고 서구를 향해서뿐만 아니라 바로 일본에 있어서도 그 발견은 부메랑처럼 회귀궤도를 그리며 일본의 건축에 커다란 영향을 미쳤던 것이다.

사람은 본디 자신을 가장 잘 모른다. 자신의 장소를 가장 잘 이해하지 못한다. 누군가에 의해서 발견되고 이동되는 경

그림 14 1960년 조형사(造型社)에서 초판이 출판된 이후 1971년 간행된 『가쓰라(桂)』(石元泰博 사진, 丹下健三 글, 中央公論社)에서 보이는 「백색 표지」와 모던한 배치

험을 통해서 사람은 비로소 자신을 알게 된다. 타우트의 발견은 사실 그 후 일본건축에도 커다란 영향을 미쳤고 일본건축을 변화시킨 것이다.

타우트에 의해서 가쓰라리큐는 명작 정원에서 명작 건축이라는 장르의 변화가 생겼다. 타우트 이후에 일본인들은 서서히 다양한 구축미와 건축미를 발견하기 시작하였다. 가쓰라리큐가 건축으로 기울면서 그 안의 건축적 장치들을 발견할 수 있었던 것이다. 그중에서도 대표적인 것은 『KATSURA』와 『이세(伊勢)—일본건축의 원형』이

라는 두 권의 사진집이었다. 『KATSURA』(1960, 그림 14)는
샌프란시스코에서 태어나 시카고에서 모던디자인을 배
운 사진가 이시모토 야스히로(石元泰博, 1921-2012)가 펴낸
흑백사진집이다. 그리고 단게 겐조(丹下健三), 가와조에
노보루(川添登, 1926-2015)가 글을 쓰고, 와타나베 요시오(渡
邊義雄, 1907-2000)가 사진을 찍어서 펴낸 것이 『이세(伊勢)
—일본건축의 원형』(1962)이라는 사진집이다. 이 두 권은
단순히 가쓰라리큐와 이세진구의 발견에 그치지 않고 큰
파장을 일으켜 전후의 건축디자인, 그 후 일본의 모더니
즘건축에 결정적 영향을 미쳤다.

일본의 빌라 사보아

이시모토가 촬영한 가쓰라리큐는 얇은 기둥으로 백색
볼륨을 떠받드는 형태이다. 2층을 주요 공간으로 하고 1
층은 층고를 낮추고 서비스공간으로 계획한 가쓰라리큐
고서원(古書院)의 구성은 모더니즘건축의 최고 걸작으로
여겨지는 코르뷔지에의 빌라 사보아(그림 6)와 닮았다. 그
형태는 빌라 사보아의 필로티 위에 올라간 백색 볼륨을

상기시킨다. 실제로는 장지문을 닫고 사용하는 것은 부자연스럽고, 장지문은 열고 사용하는 것이 일반적이므로 평소 모습은 크게 닮지 않았겠지만, 이시모토는 모든 장지문을 닫고 사진을 찍어서 「일본의 빌라 사보아」를 연출한 것이다. 또한 이시모토는 가쓰라리큐의 경사지붕을 사진구도상에서 제외시키고 가쓰라리큐가 모더니즘 건축과 유사하게 평지붕인 것처럼 보이게 만드는 위장술을 펼쳐서 거의 조작이라고 할 수 있을 정도의 촬영구도를 편성하였다. 그 결과 날조된 백색 볼륨은 미스의 커튼월을 연상시키는 흑색의 날렵한 프레임으로 분할되어 그 비율과 구성은 어떤 의미에서 미스 이상의 「모던」이었다. 즉 타우트에 의해 「건축」으로 옮겨간 가쓰라리큐 속에서 이시모토를 비롯한 모더니스트들은 더욱 다양하게 모더니즘을 발견하였고 날조를 거듭해 왔던 것이다.

모더니스트들에 의한 가쓰라리큐의 재해석은 그 계기를 만들었던 타우트 입장에서 바라본다면 결코 만족스럽지 않을 것이고 오히려 불쾌함을 느꼈을 것이라고 추측된다. 타우트는 코르뷔지에나 미스의 형태주의에 대하여 안티테제로서 가쓰라리큐의 관계주의에 주목하고 칭송하였다. 그러나 그 「발견」 이후로 코르뷔지에, 미스 등

포멀리즘을 추종하는 사람들은 가쓰라리큐를 포멀리즘의 방식으로 부풀려서 칭찬을 늘어 놓았고 신화를 창조해낸 것이다. 「형태」를 대신하여 「관계」라고 하는 미지의 방법을 찾아내고, 「건축」이라고 하는 인공물을 부정하고 「정원」이라고 하는 거대한 프레임으로의 회귀를 추구한 순수한 몽상가 타우트에게는 배신처럼 여겨졌을 것임에 틀림없다.

실제로는 그 배신이 일어나기 훨씬 전에 이미 타우트가 튀르키예에서 작고하였다. 그리고 그 배신은 전후 일본이라고 하는 특수한 장소, 그리고 그 장소를 지배하고 있던 냉전이라고 하는 특수한 상황과도 깊이 관련되어 있다. 냉전은 배신을 가속시켰고, 그 결과 일본의 전후 건축을 구체적으로 변질, 왜곡시켰던 것이다.

단게 겐조의 「대동아건설기념 영조계획 설계경기」 1등안

거대한 건축사의 흐름 속에서 보면 타우트가 행한 「이동」은 빈, 즉 독일 북방 미학의 산물이라고도 할 수 있다. 거기에는 19세기 말부터 20세기 초까지 실증적이고 구축

그림 15 「알프스 건축」의 드로잉(타우트, 1919)

적인 미학을 대신하여 공간적, 행위적, 환경적 미학을 추구하는 움직임이 나타났다. 하인리히 뵐플린, 알로이스 리글 등의 빈학파가 대표적이다. 이는 영국과 프랑스를 중심으로 일찍이 산업혁명에 성공한 「승리조」가 주도한 실증적, 구축적 방법에 대응하기 위한 오스트리아, 독일 등 「패배조」의 반발이었다. 앞서 나간 승리자들의 서구적 밝음에 대항하여 후발주자들은 북방적, 내향적 정신성에 기반을 둔 새로운 예술, 새로운 문화를 주창한 것이다.

타우트는 건축으로 그 북방성을 리드했다. 알프스의 계곡과 산맥을 부지로 하여 장대하고 환상적인 건축구상을 그렸다. 타우트의 「알프스 건축」(1919, 그림 15) 드로잉은

북부의 반격을 상징하는 작품이었다.

이 북방적, 공간적, 환경적 흐름에 해방 이전 일본에서 가장 날카롭게 반응한 것이 도쿄대학 건축학과 동급생이었던 하마구치 류이치(浜口隆一, 1916-1995)와 단게 겐조(丹下健三, 1913-2005)이다. 단게의 근저에 잠재해 있던 북방적 요소가 가장 명확히 드러난 것이 그의 환상적 데뷔작이라고 일컬어지는 「대동아건설기념 영조계획 설계경기」 1등안(1942, 그림 16)이다.

진주만공습(1941) 이듬해 전쟁이 한창이던 시기, 내셔널리즘 고양이라는 당면과제 속에서 하나의 설계경기가 일본건축학회 주최로 열렸다. 이 설계경기에서 단게의 제안이 1등을 획득하였다. 후지산을 우러러보며 안개가 짙게 드리운 산기슭의 신역(神域)을 그려낸 단게의 완성 예상 투시도는 심사원의 마음을 꿰뚫기에 충분했다. 단게가 붙인 명칭은 「대동아도로를 주축으로 한 기념영조(營造)계획 — 대동아건설 충령신역계획(忠靈神域計劃)을 주축으로」이다. 단게에게 있어서는 건축물보다도 신역으로서 저 멀리 있는 후지산까지를 관통하는 것이 중요했다. 단게는 설계 요지 속에서 그 비건축적, 비구축적 의도를 강조하였다. 「우리는 피라미드를 점점 더 높게 쌓아 올

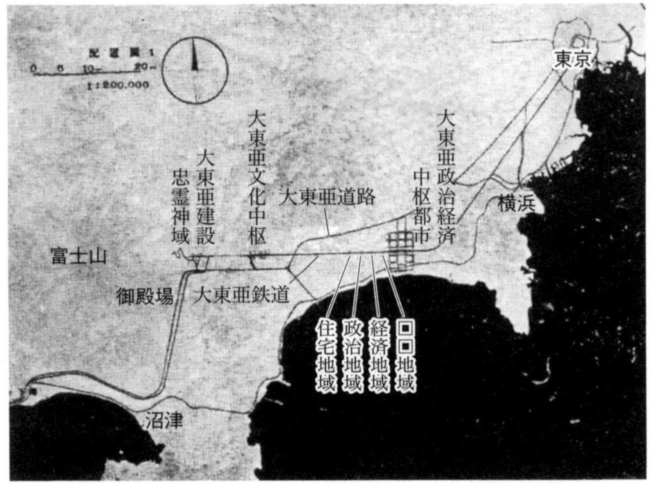

그림 16 「대동아건설기념 영조계획 설계경기」 1등안
(단게 겐조, 1942)

리지 않고, 대지를 내려와 성스러운 하니와(埴輪)로 경계 짓는 분묘의 형태로서 한 줄의 성스러운 끈으로 둘러싸여 있으므로, 이미 자연 그 자체로도 신성한 형태」(「충령신역계획(忠靈神域計劃) 요지」, 建築雜誌, 1942년 12월호)임을 단게는 암시하였다. 이는 마치 독일, 오스트리아를 비롯한 산업혁명 후발주자들, 즉 패배조의 비구축적, 북방적, 환경적 방향성에 전면적인 찬동을 표명한 것처럼 보인다.

그러나 동시에 단게는 「신역」 속에서 노골적이라고 할 정도로 분명히 강한 축을 관통시켰다. 축선이라고 하는 개념은 근대적 도시계획의 중심이 된 개념으로, 산업혁명적인 성장 사상을 도시계획적으로 번역한 것이다. 그런 의미에서 단게의 「대동아」는 근대적 도시계획의 프로토타입이라고 일컬어지는 토니 가르니에(1869-1948)의 공업도시(1917)를 계승한 것으로, 승자조의 방법을 계승한 것이기도 하다.

단게의 모순과 이세진구의 양의성

승자조인 토니 가르니에를 이어받은 단게의 축선 지향

은 전후 고도성장의 피크를 맞이한 1961년에 발표되었던「도쿄계획 1960」(그림 17)으로 계승되었다.「도쿄계획 1960」은 정신성이나 환경 지향과는 일견 정반대의 확대 지향,

그림 17「도쿄계획 1960」(단게 겐조, 1961)

성장 지향으로 보인다. 단게라고 하는 건축가는 원래부터 모순을 내포하고 있었다. 혹은 일본이라고 하는 장소가 그러한 모순을 내포하고, 그것이 단게라고 하는 건축가의 섬세한 감성을 매개로 형상화되어 작품으로 승화된 것이라고도 할 수 있다.

이에 더하여 단게의 모순에 대하여 덧붙여 설명하자면, 비건축적인 영역에 속하는「대동아」에도 확실히「건축」은 주입되어 있다. 신역에 세워진 건축의 모습은 타

우트가 가쓰라리큐와 견주어 세계적인 건축이라고 칭찬했던 이세진구와 동일한 형태를 하고 있다. 단게는 북방성을 강조한 설계경기의 해설문 속에서 「피라미드를 점점 높게 쌓아 올리는 것」을 엄격히 부정했으면서 어쩐 일인지 뾰족한 맞배지붕의 이세진구는 당당히 계획안에 그려 넣은 것이다.

단게의 아름다운 드로잉을 보고 있자면, 그 원형이 되는 이세진구 그 자체에 내포된 양의성, 모순이 함께 떠오른다. 단게가 선진적·서구적·구축적인 것과 후진적·북방적·환경적인 것의 모순을 지양한 것처럼, 그리고 그 양면성에 의해 전후 일본이라고 하는 모순으로 넘쳐난 시대에서 스타로 성장한 것처럼, 이세진구를 건축하고 정비했던 덴무텐노(天武天皇)와 지토텐노(持統天皇)도 선진적·중국적인 것과 후진적·토착적인 것 사이의 모순을 이세진구라고 하는 아름다우면서도 불가사의한 건축을 통해 승화하고 해결한 것이다.

이세진구에서는 건축 이상으로 신역의 영역성이 강조된다. 신역은 미즈가키(瑞垣), 우치다마가키(內玉垣), 도노다마가키(外玉垣), 이타가키(板垣), 이렇게 4종의 울타리를 통해 우선적으로 강조되었고, 이에 더하여 부지에는 백

그림 18 이세진구 외궁 정전

색의 백석과 흑색을 띤 청석 2종이 깔려 있다. 가공을 하지 않는 자연의 돌 자체를 활용한 비구축적, 환경적 수법을 통해 영역이 엄밀히 규정되었다. 식년천궁(式年遷宮)[2]이 행해질 때마다 백석을 교체하는 오시라이시모치(御白石持) 행사는 실로 이세진구의 비구축적이며 행위적인 본질을 상징한다. 식년천궁에 의해 20년마다 부지를 이동하는 시스템 자체가 궁극적으로 행위적이다. 건축이라고 하는 물질적이며 구축적임이 당연한 것을 정반대인 정신적이며 행위적인 것으로 반전시킨 것이다. 식년천궁 그 자체가 모순의 예술적 표현이었다.

---

2) 신사에서 정기적으로 신전을 새로 조영하는 행사를 식년조체(式年造替)라고 하는데, 이세진구(伊勢神宮)에서는 20년마다 식년조체가 이루어지고 이를 식년천궁(式年遷宮)이라고 한다.

그럼에도 불구하고 이세진구의 건축 그 자체를 상세히 검토하자면, 상징적인 두꺼운 원주를 단위로 하는 열주 구조는 직전 시기에 유입된 불교와 함께 중국으로부터 전래된 외래적인 건축디자인으로, 구축적인 강한 존재감을 강조한다. 그러나 그 중국적·한의적인 기둥을 주역으로 하는 구성을 취하면서도 이세진구의 기둥은 중국이나 고대 그리스의 열주처럼 1단을 올린 기단 위에 배치되지 않고 구멍을 파서 직접 대지와 연결되는 원시적인 굴립주(掘立柱)가 고대 곡물창고처럼 바닥을 높게 한 고상형의 건축을 만들어내고 있다. 기단에 의한 기준평면의 확정이라고 하는 기하학적이며 근대적인 조작에 의존하지 않고, 기둥은 자갈 무더기라고 하는 본연의 자연에 직접 꽂히게 된다. 건물 측면에 홀로 서 있는 무나바시라(棟柱)도 대지에 꽂혀 있어서 대지와 창공, 흙과 대기를 마치 고대 스톤헨지와 같이 직접적으로 연결한다.

다양한 의미에서 이세진구는 중국적 구축적인 것과 토착적·환경적인 것의 중간에 걸쳐져 있다. 그리고 그 후 이세진구에 식년천궁이 행해질 때마다 다양한 변화가 슬쩍 더해진 것은 이 모순적 대립인자 사이에서 방황을 거듭하고 있는 일본문화의 상징이 표출된 것처럼 보인다.

마찬가지로 계속 흔들리고 계속 변화해 온 천황제(天皇制)를 건축적으로 번역한 것으로도 보인다.

그러나 나는 본디 모든 건축은 모순의 산물이라고 생각한다. 언어의 세계에서는 모순이라고 표현할 수밖에 없는 대립도 건축이라고 하는 세계로 옮겨지면 왠지 모순이라고 느껴지지 않고 오히려 하나의 조화라고 느껴지는 체험을 적지 않게 경험하였다. 이 불가사의한 순간을 기대하고 있기 때문에 사람들은 건축을 계속하고 있는 것일지도 모른다. 그런 의미에서 이세진구라고 하는 기적적인 건축은 깊은 모순의 산물인 것이다.

식년천궁에 대해 20년마다 이루어지는 완벽한 디자인의 반복이라고는 하는 것은 절대 가당치 않다. 다양한 미세 조정과 변경이 반복되었고 전란 등에 의해 식년천궁이 중단되거나 기록이 소멸되는 경우도 여러 차례 있었다. 현재도 나무 단면부에 금색으로 빛나는 황동의 철물로 장식되어 있는 곳이 많은데, 그 장식 철물의 개수는 시대에 따라 큰 폭의 변천이 있었다. 또 그 장식이 더 번쩍거리고 화려한 시대도 있었고 난간에 중국풍 붉은 색칠을 한 시대, 하늘과 땅을 잇는 무나모치바시라(棟持柱)가 없는 시대도 있었다.

마루면적도 시대에 따라 큰 폭의 증감이 있었고, 건축의 인상에 커다란 영향을 주는 지붕구배도 현재는 45도(10촌 구배)이지만 헤이안(平安) 중기부터 14세기까지는 훨씬 큰 구배를 가지며 더욱 구축적이면서 상징성이 높은 4분의 3구배였다고 전해진다.[3]

클로드 레비스트로스(Claude Lévi-Strauss)의 착안점

1977년 처음으로 일본을 방문한 레비스트로스(1908-2009)는 이세진구를 참배했을 때 구배가 급한 초가지붕 위로 치기(千木)나 가츠오기(堅魚木) 등이 돌출해 있는 것을 발견하고, 이와 같은 모래시계를 상기시키는 X형상의 지붕은 우주의 모습을 재현한 것이고, 용마루 아래가 지상의 세계이고 그 위의 치기가 천상계이며, 그리고 치기 끝에는 신들이 사는 다카마가하라(高天原)가 있다고 추론하였다.(出口顯,『레비스트로스(レヴィ＝ストロース)』, 河出ブックス)

---

3) 구배는 지붕의 경사도를 일컫는 용어이다. 경사면을 빗변으로 하는 직각삼각형을 구성했을 때 밑변의 길이가 4이고 높이가 3이면 이 경사도를 4분의3 구배라고 표현한다. 또 다른 표현 방식으로는 밑변의 너비를 10촌으로 고정하고 높이가 6촌이면 6촌구배라고 표현한다. 여기서 10촌구배라 함은 밑변을 10촌으로 했을 때 높이가 10촌이므로 이등변이 직각삼각형을 이루게 되므로 지붕경사의 각도는 45도가 되는 것이다.

동일한 모래시계 형태의 지붕이 중국, 시베리아, 콜롬비아, 인도네시아, 피지에도 분포되어 있다고 레비스트로스는 기술하였다. 나는 여러 작품을 설계하면서 — 예를 들어 V&A 던디 뮤지엄(2016), 카도가와 무사시노 뮤지엄(2020) — 모래시계의 형태에서 답을 찾았다. 모래시계형에는 다소 소용돌이 요소, 즉 회전이라는 조작이 덧붙여진다는 점도 레비스트로스가 지적하였다. 지금 회상해 보면 모래시계형과 소용돌이형의 조합에 이끌려서 본인도 다양한 방법으로 하늘과 땅을 연결시켜 왔던 것이라 할 수 있다. 이세진구에서 보이는 중국적이며 구축적인 것과 북방적이며 토착적인 것의 대립을 남쪽 섬들의 마술적인 수법을 활용하여 조정하고자 했던 것일지도 모른다.

이세진구에서의 치기나 가츠오기도 변화가 계속되었다. 나라시대 말기와 비교해 보면 가츠오기는 길이에서 30퍼센트, 너비에서 20퍼센트 정도 증가하였다. 지붕 상부에 대하여 평하자면, 이세진구에서 천상계의 볼륨은 상대적으로 확대시켰고 북방성과 환경성은 감소시킴으로써 피라미드적인 상징성의 비율이 증가되었다.

그러나 본인은 이러한 다양한 변화가 이세진구를 오염

시켰다고는 생각하지 않는다. 이세진구는 방황을 계속하고 흔들거리며 누구든 납득할 만한 밸런스를 찾고자 했던 것이다. 이 방황과 흔들림이야말로 이세진구가 가진 정통성의 상징이며, 이 방황의 깊이에 사람들이 매료되었다. 이세진구를 건립했던 덴무와 지토는 영원히 수정을 반복하는 그러한 시스템을 이세진구라고 하는 하나의 건축 속에 심어 놓은 것이다.

이는 덴무텐노 시기에 역대천궁(歷代遷宮)제도 폐지라고 하는 역사적 결단을 내렸다는 점과도 깊이 관계가 있다고 느껴진다. 덴무텐노 이전까지는 왕이 바뀔 때마다 새롭게 왕궁을 건설하고 새로운 왕은 그곳으로 옮겨서 거주하였다. 이 시스템을 역대천궁이라 하였다. 그러나 왕의 교체보다 왕권의 지속성을 중요시한 덴무텐노는 항구적인 도시로서 후지와라쿄(藤原京) 건설에 착수하여 역대천궁에 종지부를 찍었다. 덴무텐노는 일본이라고 하는 국가에 있어서 중요한 첫걸음을 내딛은 것이다. 이와 병행하여 또는 변화를 보완하듯이, 지속하면서 교체하는 시스템을 심었고 20년마다 새롭게 조영하는 식년제가 결정되었다.

이는 종교와 정치의 절묘한 일체화이며, 항구적이면서

그림19 구 히나타(日向) 별저 (타우트, 1936)

도 구축적인 건축이라고 하는 존재와 환경 지향적이고 현상적인 랜드스케이프라는 존재의 일체화였다. 두 시스템이 하나가 되어 강제로 융합되었다. 이 대립과 모순의 끝없는 계승이 바로 일본이라고 하는 시스템인 것이다.

지극히 환경적이고 정원적이며 반구축적인 이세진구와 가쓰라리큐에 타우트라고 하는 방황하는 영혼이 충격을 받고 무너졌다. 이는 어떤 의미에서 역사의 필연이었다. 그러나 타우트의 방황을 세계는 좋게 평가해 주지 않았다. 구축성과 현상성에 찢기게 된 타우트는 그 방황의 결정체라고도 할 수 있는 아타미(熱海)의 구 히나타(日向) 별저(1936, 그림 19)를 건립하였다. 그러나 이 건축에 대하여 일본건축계에서는 어떠한 호평도 없었고, 저속한 일본 취미라는 혹평만 이어졌다. 타우트는 그의 방황을 용납해 주지 못하는 일본을 떠나, 일본도 서구도 아닌 장소인 튀르키예를 향했다. 그리고 튀르키예에서의 모색도 그 돌연사에 의해 중단되고 만 것이다.

Ⅱ. 혁명과 절충

―라이트, 후지이 코지(藤井厚二),
호리구치 스테미(堀口捨己)

라이트에 의한 전도(轉倒)

　일본건축은 다양한 장소와 시간 속에서 각각 인간의 상황에 따라 정의되었고, 때로는 발견되었다. 잊어선 안 되는 사실은 일본건축이 일본인만의 것은 아니라는 점이다. 위에서 언급한 다양한 장소에는 당연히 일본 이외의 장소도 포함되고, 정의하고 발견하는 주체가 일본인인 것만은 아니었다. 세계 스케일의 교착 속에서 일본건축의 다양성과 풍부함이 발견되고 창조되었으며 그렇게 이어져 내려온 것이다.

　1933년의 교토라고 하는 장소에서 나치로부터 도망쳐 온 좌익주의자, 즉 사회주의적이고 북방적이며 환경주의적인 타우트가 발견한 것은 철저하게 소박하고, 심지어 정원을 주역으로 하는 일본건축이었다. 게다가 타우트는 일본 속에서 「모던한 왕조문화」 vs 「저열한 무가문화」라고 하는 이항대립을 이끌어냈다. 타우트는 가쓰라리큐나 이세진구에서 북방적인 것의 극치를 도출하였고, 구축적인 파르테논에 필적하는 보물이라고까지 칭찬하였다.

　여기에서 타우트는 의도하지 않았지만 메이지유신 이후의 서구중심적 사관을 무너뜨렸다. 「선진적인 서구건축」 vs 「후진적인 일본건축」이라고 하는 하이어라키를 무너뜨린 것이다. 흥미로운 점은 일본인이 아닌 서구인의 손으로 그 붕괴가 초래되었다는 것이고, 이 붕괴를 지지한 것이 타우트 주변의 좌익주의자들이었다. 교토를 거점으로 하는 일본인터내셔널건축회 소속 사람들을 비롯한 좌파들을 매개로 타우트와 교토가 공명했다. 이 좌익적·북방적 일본관은 1945년 이전의 젊은 단게 겐조에게도 커다란 영향을 주었고, 단게를 매개로 하는 1945년 이후의 일본건축에도 깊은 그림자를 드리웠다.

타우트가 방문했던 1930년대의 특수한 시대 속에서 또 한 사람의 중요한 건축가가 서구중심의 일본을 무너뜨리고자 하였다. 그의 이름은 프랭크 로이드 라이트(1867-1959)이다. 20세기 모더니즘건축의 거장이라고 불리는, 시대를 대표하는 거물이다. 20세기의 미국을 대표하는 건축가이고, 제국호텔의 2대 일본관(1923)의 설계자로서 일본에도 거대한 족적을 남겼다. 그는 어떻게 일본과 만나게 되었고, 서구건축 위에 일본건축을 얹고자 하는 발상을 하게 된 것일까?

계기는 1893년의 시카고만국박람회 일본관이었다. 시카고만국박람회 일본관은 우지(宇治)의 뵤도인(平等院)을

그림 1 라이트

모방하여 일본인 목수의 손으로 건설된 전형적인 일본건축이며 봉황전(鳳凰殿, 그림 2)이라고 이름 지었다. 이 건물이 라이트의 건축관에 미친 영향은 이미 1950년대부터 미국의 건축역사학자들에 의해 지적되었다. 처마를 크게 돌출하여 빼내고, 무거운 벽이 아닌 가벼운 목제창호를 사용하여 내외가 연결되는 독특한 건축은 처마가 없고 내외가 단절된 상자와 같은 건물밖에 본적이 없는 20대 후반의 라이트에게 커다란 충격이었다. 이후 라이트의 건축에 돌연 깊은 처마를 내달고 개구부가 거대해지기 시작하였다. 즉 일본풍이 되었다고 할 수 있다.

우키요에(浮世繪)와 처마의 만남

시카고만국박람회에서 일본관과 만났을 당시 라이트는 일본의 우키요에도 접하게 되었다. 최초의 고용주였

그림 2 봉황전(鳳凰殿)

던 건축가 조셉 라이먼 실스비(Joseph Lyman Silsbee, 1843-1913)는 일본미술의 가치를 높이 평가하고 세계에 알린 인물로 유명한 어니스트 페놀로사(Ernest Fenollosa, 1853-1908)의 사촌형이었다. 라이트는 이 두 사람으로부터 우키요에의 매력을 배웠다. 그가 처음으로 입수한 우키요에도 페놀로사로부터 받은 것이었다. 라이트는 후에 우키요에를 매수하기 위하여 여러 차례 일본을 방문하였는데 이를 계기로 제국호텔의 설계도 맡게 된 것이다.(케빈 뉴트,『프랭크 로이드 라이트와 일본문화(フランク・ロイド・ライトと日

本文化)』, 鹿島出版會)

　나는 우타가와 히로시게(歌川廣重)의 육필 작품을 소장
하는 나카가와마치 바토 히로시게미술관(那珂川町馬頭廣重
美術館, 2000)을 설계하게 되었을 때 라이트와 일본의 관계
에 흥미를 갖기 시작하였다. 히로시게는 호쿠사이(北齋)
와 더불어 라이트가 가장 높이 평가한 우키요에 화가이
며, 특히 세로로 긴 프레임을 갖는「명소 에도 백경(名所江
戶百景)」에 최고의 찬사를 보냈다.

　왜냐 하면 여기에서 그(히로시게)는 수평적인 것을 수직
적인 것으로 변환하고자 하는 아이디어를 착안했기 때
문이다. (중략) 풍경화의 아이디어 속에서 가장 위대한
것이었을 뿐만 아니라 예술의 역사 속에서도 참으로 독
자적이면서 참으로 위대한 아이디어가 아닐 수 없다. 히
로시게는 공간성을 주입하여 우리들이 건축에서 해 왔
던 것과 동일한 작업을 이루어냈다. 여기에서는 회화 속
으로 한정되는 것이 아니라 방대하면서도 무한한 공간
감을 느낄 수가 있다.

　(Frank Lloyd Wright,『일본판화 선집(The Japanese Print
Party)』, tape transcript, Taliesin, 20 September 1950)

이 언급에서 알 수 있듯이 라이트는 우키요에와 건축을 별도의 장르라고 생각하지 않고 완전히 연결되는 것이라고 간주하고 있다. 가로로 긴 프레임에서는 좌우 방향으로의 유동성이 주를 이루어서 공간의 깊이를 표현하는 것은 부가적인 요소가 되기

그림 3 「오하시 주변 아타케의 저녁녘(大はしあたけの夕立)」

쉽다. 그러나 히로시게는 세로로 긴 프레임에 도전하는 것으로 공간의 깊이를 예술적 주축으로 내세울 수 있었다. 그 공간의 깊이야말로 당시 라이트가 가장 깊은 관심을 가지고 있는 사항이었다. 나는 건축공간과 회화공간을 횡단하는 라이트의 방법에 기반하여 히로시게의 「오하시 주변 아타케의 저녁녘(大はしあたけの夕立)」(그림 3)에서 보이는 빗줄기의 중층성을 히로시게미술관에서는 목

제 루버로 해석하여 표현하였다. 라이트가 히로시게의 세로로 긴 프레임으로부터 배운 공간의 중층성과 시카고의 봉황전으로부터 배운 깊은 처마가 히로시게미술관 속에서 증폭된 것이다.

서구에서 지붕은 벽면이나 기둥 바깥으로 돌출될 수 없다. 고대 그리스 이후로 유럽건축의 본류를 형성하고 있는 정통적 고전주의건축(클래시시즘)에서뿐만 아니라 민가에 있어서도 처마는 벽으로부터 바깥으로 두드러지게 내미는 경우가 거의 없다. 내미는 것은 구조적으로나 경제적으로 불리하며, 동아시아에 비해서 강수량이 압도적으로 적은 서구의 건조한 기후환경에서는 기둥이나 벽을 비로부터 지킬 필요가 없었다. 서구에서는 그 결과 벽의 이차원적 구성과 프로포션의 추구로 진화해 갔다. 한편으로 강수량이 많고 여름에 햇빛이 강한 동아시아에서는 지붕이나 처마를 길게 빼서 기둥이나 벽, 개구부를 보호하지 않으면 안 되었다.

젊은 라이트는 일본의 처마와 만나서 처마에 눈을 떴다. 처마 밑에 최대한 큰 개구부를 놓는 계획을 추구하기 시작하였던 것이다. 이는 라이트가 일본 취미에 젖어 있었다고 하는 피상적인 의견이 아니다. 건축역사에 있어서 큰 전환이 라이트에서 시작되었다. 인상파가 일본의 우키요에에 자극을 받아서 싹을 틔우고 서구회화 세계에 커다란 변혁을 일으킨 것과 마찬가지로 일본과 라이트의 해후라는 사건을 계기로 커다란 소용돌이가 일어나며 세계를 움직이기 시작한 것이다.

인상파나 처마 모두 빛과의 조우였으며 빛의 혁명이었다. 이 두 혁명은 기본적으로는 하나의 것이었다. 갇혀 있던 어두운 방을 나와 자연 속으로 뛰어드는 것과 같은 혁명인 것이다. 과감하게 요약해 보자면, 도시로부터 자연으로의 방향 전환인 것이며, 집중으로부터 분산이라고 하는 커다란 전환의 시작이었다.

바스무트 포트폴리오와 거장들의 조우

봉황전과 우키요에를 통해 처마를 알게 된 라이트는 실제 작품활동을 하면서 더욱 깊이 처마에 관심을 갖게 되었다. 처마 밑 개구부의 크기도 점차 확대되어 시카고 만국박람회에서 만난 봉황전을 넘어서고 있었다. 그러나 흥미롭게도 라이트는 일본으로부터 건축을 배웠다고

그림 4 제국호텔(라이트, 1923)

언급하고 싶어하지 않았다. 그의 건축가로서의 자존심이 일본이라는 약소국으로부터 단서를 얻었다고 언급하는 것에 대해 허락하지 않았을지도 모른다. 봉황전과의 만남에서 이미 시작되었음에도 불구하고 그러한 언급은 전혀 하지 않고 오로지 오카쿠라 덴신(岡倉天心, 1863-1913)의 『차의 책(茶の本)』(1906)만을 강조하였고, 게다가 『차의 책』속에 담긴 건축적 기술은 무시하고 배후에 있는 노장사상만을 다루어 연막작전으로 사람들을 혼동시키려고 하였다.

라이트 자신의 눈가리개 때문에 일본건축과 라이트와의 관계는 더더욱 알아채기 어렵게 되었다. 제국호텔(그림 4)에서도 라이트는 의식적으로 그러한 일본성을 은폐하였다. 라이트에게 있어서 일본과 마찬가지로 중요한

그림 5 로비 저택 (라이트, 1906)

영감의 원천이었던 마야를 모티브로 적극 활용하여 일본과의 직접적 관련을 일절 배제하였다. 그 결과 일본인에게 있어서 제국호텔은 「이국」의 것으로만 보이게 되었다.

여기에서 라이트와 일본의 관련성에서 뒤틀림이 생겨났다고 생각한다. 그러나 라이트를 탄생시킨 것은 분명 일본건축이다. 그 흐름의 완성형이 시카고 교외에 건설된 로비 저택(1906, 그림 5)이었다. 이 로비 저택으로 대표되는 처마가 깊고 수평성이 강한 주택군의 석판화 중 걸작을 모아서 출판한 작품집—별칭 바스무트 포트폴리오(그림 6)—이 1910년 베를린에서 출판되었고, 이 간행으로 인해 세계가 움직이기 시작하였다. 유럽에서는 무명이던 40대의 미국인 건축가가 이런 작품집을 냈다는 것

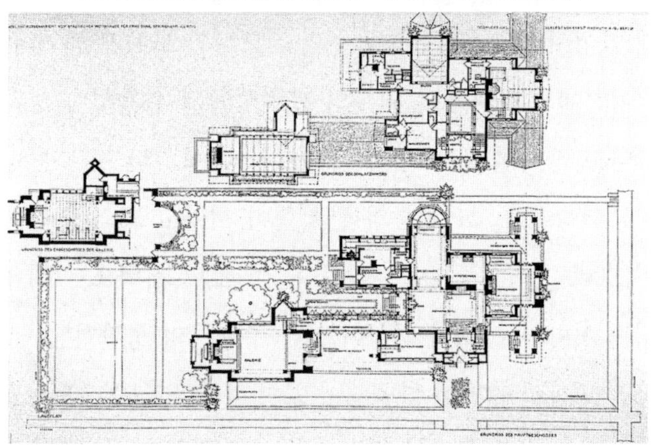

그림 6 바스무트 포트폴리오(1910)와 석판화 도면

자체가 이례적이었다. 그 속사정을 보면 이 작품집 출판은 출판사의 의향이라기보다는 라이트 측에 특별한 사정이 있었다.

라이트는 1904년에 준공한 체니 저택 건축주의 부인인 체니 부인과 불륜관계였다. 보수적인 윤리관이 지배하던 당시의 미국에서 불륜 스캔들은 치명적이어서 라이트는 1909년 사무소를 닫을 수밖에 없었다. 그는 체니 부인과 유럽으로 도망치듯 여행을 떠났다. 재기를 노리고 있던 라이트는 베를린의 바스무트출판사에서 간행하는 작품집에 모든 힘을 쏟았다. 지금까지 일본에서 모았던 우키요에를 모두 처분한 거금이 이 호화로운 대형 작품집 출판에 투입되었다. 라이트의 인생에서 또 한 번 일본이 중요한 역할을 한순간이었다.

그 후 체니 부인과 아이들이 살해당하는 사건으로 괴로움에 빠져 있던 라이트를 기다리고 있던 것이 제국호텔의 설계였다.

인생의 위기가 라이트를 일본에 다가서게 했다. 이러한 상황은 나치에 쫓겨 일본을 찾아온 타우트와 마찬가지였다. 바꾸어 말하자면 위기에 빠지지 않았다면 그렇게도 멀리 있던 일본이라는 국가와 마주하게 될 일도 없

그림 7 코르뷔지에   그림 8 미스

었다고 할 수 있다. 위기가 거리를 극복하여 건축의 역사를 새로운 장면으로 이끌었고 세계를 변화시킨 것이다.

이 집념의 작품집이 출판사업으로서 성공적이었다고 단언하기는 어렵지만, 절박함으로 응축된 라이트의 에너지는 특별한 감성을 지니고 특정 수준에 도달한 사람들의 마음을 자극시키기에 충분했다. 모더니즘건축의 4대 거장 중 3인 — 코르뷔지에(그림 7), 미스(그림 8), 발터 그로피우스(그림 9) — 은 당시 우연히도 건축가 페터 베렌스(Peter Behrens, 1868-1940, 그림 10)의 사무소에서 일했고, 베렌스사무소의 책장에 놓여 있던 아름다운 작품집과 조우하게 되었다. 경이로운 우연이라고도 볼 수 있고, 결과론적으로 보자면 역사의 엄청난 필연이라고도 할 수 있다. 미스는 바스무트 포트폴리오에 충격을 받았다고 저술하

그림 9 그로피우스   그림 10 베렌스

였다. 「저는 프랭크 로이드 라이트로부터 많은 것을 배웠습니다. 그건 분명한 사실입니다. 자유를 얻게 되었다고 표현하는 것이 적당할지도 모르겠습니다.」(존 피터,『근대건축의 증언(近代建築の證言)』, TOTO출판)

베렌스에 의한 탈색

베렌스와 라이트, 또는 베렌스와 일본은 꽤나 흥미로운 조합이다. 페터 베렌스는 유니크한 디자인을 남겼지만, 정통적인 건축가라는 느낌에서 다소 떨어져 있는 인물이다. 원래 정규 건축교육을 받은 적은 없고, 화가 또는 그래픽디자이너로 시작하여 1907년에 GE(제너럴 일렉

트릭)와 어깨를 나란히 하던 세계적인 전기전자회사인 AEG의 고문이 되었다. 그리고 AEG가 건설했던 건축의 설계는 물론이고, 상품의 디자인부터 회사 로고에 이르기까지 폭넓게 디자인하였다. 말하자면 베렌스는 공업화사회라고 하는 새로운 시대가 낳은 이단아였으며 새로운 타입의 건축가였다. 코르뷔지에를 비롯한 특별한 재능의 소유자들이 그 이단성에 끌려서 베렌스사무소의 문을 두드렸던 것이다.

이 장소에서 3인의 거장은 라이트와 그 배후에 존재하는 일본이라고 하는 촉매와 조우하였고 변질되기 시작했다. 미스는 이를 「자유」와의 조우라고 증언하였다. 사실 베렌스로부터 독립한 이후 미스의 건축에는 라이트 또는 일본 유래의 수평성, 투명성, 미스의 표현으로 말하자면 「자유」라고 하는 것이 명백히 담기게 되었다. 미스의 초기 걸작인 벽돌조 전원주택안(1924)에서는 벽돌이라고 하는 무거운 소재를 사용하면서도 「자유」의 싹이라고 할 만한 것이 보이고, 그 「자유」의 추구는 바르셀로나만국박람회 독일관으로 설계된 미스의 대표작 바르셀로나 파빌리온(1929, 그림 11)에서 보면 가히 충격적인 투명성의 경지에 도달했음을 확인할 수 있다.

그림 11 복원된 바르셀로나 파빌리온(미스, 1929)

　당시 건축계의 시선은 라이트가 미스를 탄생시켰다고 보고 있지 않았다. 라이트는 이전 시대에 한쪽 발을 걸치고 있었던 19세기와 20세기 사이의 건축가로 간주되었고, 미스는 코르뷔지에 이상으로 20세기의 공업화사회를 대변하는 존재로 간주되었다. 미스의 화려한 데뷔 이후로 바스무트 포트폴리오의 드로잉은 19세기의 장식성과 우키요에의 엑조티시즘이 섞여 있는 예스럽고 기묘한 것이라고만 평가되었다. 미스 건축의 날카롭고 추상적인 선과 바스무트 포트폴리오는 대조적으로 비춰졌던 것이다.

　그러나 이 두 양극 사이에 베렌스를 위치시켜 보면 라이트와 미스가 공유하는 「자유」가 수면 위로 떠오르게 된다. 베렌스가 건축에 심어 놓은 공업적 요소를 활용하

여 바스무트 포트폴리오의 예스러움을 탈색시켜 보면 차
가운 유리벽을 사용하는 미스가 모습을 드러내게 된다.

건축의 20세기 ― 「자유」로운 건축

모더니즘건축이라고 하는 신양식은 일본과 공업적 탈
색이 조우하여 생겨난 것이라고 나는 생각한다.

그 맹아는 1910년의 바스무트 포트폴리오가 출판되기
이전에도 여러 부분에서 확인된다. 런던만국박람회에
서 크리스탈 팰리스(1851, 그림 12)는 가벼운 느낌의 철골과
유리를 주로 활용하여 모더니즘건축의 투명성을 보여주
는 선구적 역할을 하였다. 프랑스 건축가 오귀스트 페레
(1874-1954)는 철근콘크리트에 의한 공연복합시설의 추상
적인 설계(그림 13)로 모더니즘건축의 개척자로 불리게 되
었다.

그러나 크리스탈 팰리스나 페레의 건축에서는 「자유」
가 느껴지지 않는다. 미스가 바스무트 포트폴리오에서
「자유」를 발견하고 베렌스사무소에서 익힌 공업화사회
의 기술을 활용하여 바스무트에서 보이는 일본을 탈색하

그림 12 크리스탈 팰리스(1851)

여 비로소 「자유」에 구체적인 형태를 부여할 수 있게 된 것이다.

탈색은 모더니즘건축에서 가장 중요한 무기이다. 효율적인 대량생산을 지상 최고의 목적으로 하는 공업화사회가 디자이너들에게 탈색을 요청한 것이라 할 수 있다. 그러나 그저 탈색한다고 해서 모더니즘건축이 탄생하는 것은 아니다. 일본건축이라고 하는 공간의 「자유」와 공업화사회라고 하는 신시대가 조우하여 모더니즘건축이라고 하는 완전히 새로운 건축을 탄생시킨 것이다. 이 아름답고도 결정적인 한순간에 의해 서구의 건축은 「자유」를 얻게 되었고, 그렇게 건축의 20세기가 시작되었다.

이 「자유」는 순식간에 세계를 매료시켰다. 미스의 바

그림 13 프랑스 르아브르의 거리 전경(오귀스트 페레)

르셀로나 파빌리온과 코르뷔지에의 빌라 사보아(제1장 그림 6)는 세계를 강하게 진동시키며 건축의 전환과 시대의 전환이 도래했음을 사람들에게 확신시켰다. 그러나 이 전환에서 일본이 중요하고 결정적인 역할을 담당했었다는 것에 대해 당시의 일본인들은 전혀 의식하지 못했다. 「새로운 건축」은 일본과는 관계가 없는 것이고, 일본 고건축의 감성과는 대조적인 차가움이 주를 이룬다고 사람들은 느꼈다. 여전히 일본은 부정의 대상일 뿐이었다. 정확히 표현하자면 이전보다도 더 부정과 혐오의 대상이 되어 있었던 것이다.

6인의 「절충」 건축가

이 「반일본(反日本)」이라는 정서에 물들지 않고 「일본」에서 가능성을 발견한 6인의 건축가들에게 나는 관심이 있다. 그들은 이 일본이라는 국가 안에서 미래로 나아가기 위한 돌파구를 발견하고자 했다. 일본에서 가능성을 이끌어내고, 버리기는커녕 일본에 대하여 깊이 파고들어가는 작업을 통해 재발견을 이루어낸 것이다. 그럼에도 그들은 간혹 절충적 건축가로 간주되어 경시되기 일쑤였다. 코르뷔지에와 미스 이후의 시대에서 절충적이라는 것은 가장 모멸적인 형용사였다.

이 6인이란 후지이 코지(藤井厚二), 호리구치 스테미(堀口捨己), 요시다 이소야(吉田五十八), 무라노 토고(村野藤吾) 등 4인의 일본인 건축가와 안토닌 레이먼드, 샬로트 페리앙 등 2인의 외국인이다. 4인의 일본인들이 가진 공통적인 특징은 빌라 사보아와 바르셀로나 파빌리온이라고 하는 전위적인 건축이 등장하기 전에 유럽을 방문한 적이 있다는 점이다. 1932년 뉴욕근대미술관(MoMA)에서 열린 「모던 건축가전」(제3장 그림 19)은 이 두 작품을 전시하여 전 세계 건축계에 충격을 주었다. 이는 「혁명」이라 할 수 있는 정도의 단절을 건축계에 보여준 사건으로 실로 혁명이라 할 만한 것이었다. 사람들의 건축관이 바뀌고 미의식도 완전히 변환되었다. 후지이, 호리구치, 요시다, 무라노, 이 4인은 다행히도 혁명 이전에 유럽을 방문하여 아직 차가움이 지배하기 전 양식건축과 모던건축 사이에서 흔들리고 있는 모더니즘 초기의 건축과 만날 수 있었다. 그 풍부한 변화의 현장을 직접 경험할 수 있었던 것이다.

코르뷔지에와 미스가 실시한 혁명은 다양한 측면에서 단절의 추구이다. 과거와의 단절, 대지와의 단절, 자연과의 단절이다. 이러한 폭력적 단절이 시행되기 전 풍성하고 깊은 감성으로 가득한 유럽을 이 4인은 피부로 느끼고 따뜻한 감촉을 몸에 새긴 채 일본으로 돌아왔다. 그 경험을 바탕으로 일본과 근대, 일본과 공업화사회를 연결하고자 하는 그들의 「절충적」 시도가 시작된 것이다. 혁명가들은 「절충」이라는 단어를 가장 싫어했다. 「절충」이라는 단어에는 거의 범죄와 비슷한 취급을 당할 정도였지만, 사실 그 정체는 연결에 있었으며 그들이 시도했던 밋밋한 절충을 반복함으로써 일본건축은 구원받을 수 있었던 것이다.

후지이 코지(藤井厚二) ― 애매함과 엔지니어링

　우선 먼저 거론하고 싶은 인물은 후지이 코지(1888-1938, 그림 14)라고 하는 최근까지도 거의 이름이 알려져 있지 않았던 요절한 건축가이다. 후지이는 전쟁 이전의 교토라고 하는 좌익이 득세하는 특수한 장소를 거점으로 하여 타우트가 일본에 오기 전에 이미 일본을 서구 위에 두고자 하는 대담한 전복을 위한 작업에 착수하였다.

　그는 어떤 의미에서 너무 빨랐다. 그래서인지 1990년대까지 거의 논의되지 않은 채 잊혀 있었다. 그의 스릴 있는 전복작업을 거슬러 올라가자면 도쿄대학 스승인 이토 추타와 만나게 된다. 이토는 일본건축사라고 하는 학문 영역을 창시하여 건축역사학의 신과 같은 존재가 되었지만, 후대의 건축사학자들이 일본을 닫고 일본건축사를 폐쇄적으로 연구하고자 했던 것과는 정반대로 일본건축과 서구건축을 연계시키고자 시도하였다.

　후지이는 이토의 그러한 국제주의적 관점을 이어받아 경계를 계속 횡단해 갔다. 다케나카(竹中)건설에 1919년까지 근무하면서 건축현장의 경험을 쌓았고, 이후 9개월간 유럽을 여행하며 「혁명」 이전 유럽의 풍성함을 만끽하였으며, 1920년부터 교토대학에 봉직하였다. 지금의 구

그림 14 후지이 코지
(藤井厚二)

분에 따르면 건축환경공학을 가르쳤고, 그러면서 여럿의 유니크한 주택건축을 디자인하였다.

후지이 주택의 유니크함은 그의 인생 궤적의 산물이었다. 다케나카건설에서의 경험은 디자인과 형태를 우선시하고 권위 위에 눌러 앉은 유럽형 건축가를 날카롭게 비판하고 엔지니어링을 베이스로 하는 새로운 건축가 상의 모델을 만들었다. 이는 목수와 같이 현장적이면서 비권위주의적인 건축가 상이라고 바꾸어 말할 수 있을 것이다.

게다가 코르뷔지에나 미스가 주도한 「혁명」이 일어나기 전인 1919년에 유럽을 방문한 것은 그의 작품에 일종의 따뜻한 절충성, 다른 표현을 빌리자면 온화한 포용력을 부여하게 된 것이다.

그림 15 조치쿠쿄(聽竹居, 후지이 코지, 1928)

조치쿠쿄(聽竹居) — 코르뷔지에에 대한 도전

후지이의 대표작은 타우트가 방일하기 5년 전, 1928년 교토대학 산자락 지역에 완성된 조치쿠쿄(聽竹居, 1928, 그림 15)라고 하는 자택이다. 조치쿠쿄는 밋밋한 외관에 1층으로 구성된 조그마한 목조주택이다. 그러나, 그럼에도 불구하고 후지이는 여기에서 당시 모더니즘건축의 젊은 기수였던 코르뷔지에에 대하여 동경의 시선이 아닌 대등한 라이벌로 보고 이를 넘고자 하는 의도를 명백히 보여주었다. 코르뷔지에는 장소와는 무관한 것을 만들었고, 반대로 자신은 장소와 연결된 건축을 만들고자 하였다고 후지이는 기록을 남기며, 당시 이미 신과 같은 존재였던 코르뷔지에를 당당히 비판하였다.(『현대의 건축(現代の建築)』. 그리고 후지이와 코르뷔지에의 관계에 대해서는『후지이 코지 건축저작 보권2(藤井厚二建築著作集 補卷二)』속 야스다 테츠야(安田徹也)의 해설을 참조하였다.) 코르뷔지에 숭배 일색으로 점철되어 있던 전쟁 이후의 일본과는 대조적인 자세를 취했던 점에 나는 감동하였다.

서구건축의 유입이 국가의 절대적인 요청이었던 그 시대에 코르뷔지에에 대항하고자 했던 자신감의 원천은 건설회사에서 배운 엔지니어링에 있었다. 단순하지만 빈틈없는 엔지니어링을 반복적으로 쌓아 올림으로써 세계를 바꿀 수 있다고 확신하였고, 그 확신이 그가 당시의 챔피언이었던 코르뷔지에에 도전하고자 할 정도로 강한 자신감을 불러일으켰다고 나는 생각한다.

조치쿠쿄를 방문하면 사진으로는 느낄 수 없었던 후지이 건축의 생생한 엔지니어링 요소들이 우리를 압도한다. 종래의 죽어 있는 사체 같은 것을 신봉해 온 일본건축론에서는 엔지니어링이라고 하는 시점이 결정적으로 결여되어 있었다. 사체는 숨도 쉬지 않고 피도 흐르지 않으므로 엔지니어링과는 무관한 것이라고 여겨져 왔지만, 후지이에 의해 일본건축은 차갑게 굳어진 사체가 아닌 액체와 기체의 흐름으로 유지되는, 살아 있는 신체 그 자체였던 것이다.

예를 들면 후지이는 1928년 시점에서 오늘날 환경건축에서 최첨단기술의 하나인 도기구(導氣口, '쿨튜브'라고 불리는 기술)를 주택에 도입하였다. 약 12미터 길이의 토관을 지하로 통과시키고, 여름의 무덥고 습한 서풍이 마루 밑에서 실내로 도입되어 냉방을 시키는 것이다. 조치쿠쿄에는 그러한 「세밀한 엔지니어링」과 「현장의 엔지니어링」이 만재해 있다.

세밀한 엔지니어링

후지이는 해외를 겨냥해 출판한 자신의 작품집(『THE JAPANESE DWELLING-HOUSE』)에 유럽과 일본의 기후 차이에 관한 상세 데이터를 게재해 고온다습한 일본의 기후가 통풍을 중요시한 본인의 디자인과 밀접하게 관련되어 있음을 구체적으로 보여주었다. 코르뷔지에는 주택을 「살기 위한 기계」라고 정의하였지만, 그는 자동차나 비행기 등의 최첨단 「기계」의 이미지를 차용했을 뿐 그 장소와 건축을 연결시키는 극히 세밀하고 구체적인 엔지니어링에는 관심이 없었다. 다케나카건설에서 현장의 실무를 습득하고 교토대학 건축학과의 다케다 고이치 아래에서 건축설비(나중의 건축환경공학)라고 하는 분야를 개설한 후지이의 실용학문은 코르뷔지에의 관념론과의 비교대상이 아니었다.

그리고 후지이의 엔지니어링에 대한 관심은 공기나 물의 흐름을 다루는 오늘날의 환경공학에 머물러 있지 않고 구조설계라고 하는 또 하나의 중요한 엔지니어링까지 영역을 넓히게 되었다. 조치쿠쿄 남측 파사드의 구조시스템으로 눈을 돌리면 코르뷔지에와는 대조적인 후지이만의 「세밀한 엔지니어링」의 정수가 발휘되어 있다. 코르뷔지에는 콘크리트조 건축에서 기둥과 벽을 명확히 분리하여 기둥을 구조체로 하고 벽은 구조에서 자유로운 얇은 피복이라고 정의하였다. 모더니스트들은 기둥과 관계없이 창을 어디에든 둘 수 있는 이 방식에 대하여 「벽의 해방」이라고 자찬하였고, 이렇게 구조로부터 해방된 벽을 커튼과 같이 얇고 자유롭다는 의미에서 커튼월이라고 불렀다. 이 기둥과 벽의 명확한 분리로부터 20세기 모더니즘건축의 자유로운 표현이 시작되었다고 여겨

그림 16 조치쿠쿄, 남측 파사드

지고 있다.

그러나 놀랍게도 조치쿠쿄의 남측 파사드는 코르뷔지에의 커튼월 이상으로 얇았으며 또한 자유로웠다. 여기에서 다시 후지이는 코르뷔지에에 대한 라이벌 의식을 유감없이 발휘하였다. 조치쿠쿄 남측 벽은 기둥과 벽이 분리되어 있는 정도가 아닌, 건물을 지지하고 있는 기둥 그 자체가 전혀 존재하지 않는 것처럼 보이기까지 한다.

그 마술을 가능하게 한 것이 일본의 목조건축이다. 모더니즘은 분명 돌이나 벽돌을 쌓아 올려서 건립하는 조적조(組積造)의 폐쇄성을 부정하고, 기둥을 독립시키고 하중을 부담하지 않는 얇은 커튼월 방식을 통해 건축을 투명하게 하였다. 그러나 콘크리트나 철기둥은 그 재료의 제약으로 인해 여전히 강한 존재감을 발휘하고 지속적으로 공간의 자유를 구속한다. 코르뷔지에의 콘크리트 기둥이나 미스의 철골기둥도 기둥은 기둥이며 어디까지나 공간의 주역이었다. 고대 그리스 이후로 기둥의 아름다움을 주역으로 걸어온 서구건축의 마초적 기둥중심주의는 모더니즘 속에서도 확실히 계승되어 작용하고 있는 것이다.

한편, 목조의 얇은 기둥은 콘크리트나 철골기둥과는 달리 얇은 벽 속으로 소거하는 것이 가능했다. 일본에서는 기둥을 소거하는 기법을 철저히 추구하여 진화를 거듭했다. 이를 가능하게 한 것이 기둥 이외의 보조적 부재인 호조(万丈)나 히우치(火打) 등의 경사부재, 기둥과 기둥 사이를 채우는 흙벽, 격자, 장지 등 전혀 구조적 부담이 없을 듯 보이는 화려한 부재들이다. 이들 부재가 음지에서 도움을 주는 방식으로 건축을 지탱해내는 세계에 유례가 없는 섬세한 엔지니어링이 적용되었다. 이들의 유연하고 세밀한 부재에 대하여 기둥과 보를 1차 부재라고 부르는 것에 반하여 2차 부재라고 총칭하고자 한다. 이들 2차 부재의 훌륭한 협동작업이 건축을 잘 지탱하여

그림 17 조치쿠쿄, 남쪽 파사드의 부채형 목제 선반

일견 부실해 보이는 건축을 지진이나 태풍으로부터 지켜 주고 있는 것이다.

이는 서구의 「거대한 구조설계」와는 대조적인 「작은 구조설계」라고 불릴 만한 섬세한 시스템이며 모더니즘이 완성시킨 기둥과 벽의 분리보다 훨씬 앞서 있는 하이브리드적이며 중층적인 시스템이었다. 모더니즘이 달성한 구조체의 분리가 17세기의 뉴턴역학 수준이라면 일본의 전통 목조시스템은 양자역학 수준의 애매성과 양의성을 가지고 있다고 할 수 있다.

조치쿠쿄의 남측 파사드는 이 일본적인 「작은 구조설계」를 보여주는 일종의 쇼케이스가 되어주고 있다. 기둥으로 보이는 것이 돌연 끊기고 사라지기도 하고 관통하는 기둥은, 일절 보이지 않으며 작고 약해 보이는 것들이 벽을 채우고 있다. 파사드 단면부마저도 기둥이 없으며 유리만으로 코너를 구성하여 풍경과 실내가 하나로 융합되고 있다. 미스의 유리건축을 훨씬 능가하는 투명성과 무중력감이 목조라고 하는 일견 약해 보이는 시스템 속에서 실현되고 있다. 이를 가능하게 하는 것은 놀랍게도 유리벽 코너에 설치된 부채모양의 작은 목제선반(그림 17)이었다. 선반이라고 하는 작고 보조적인 역할의 부재가 은밀히 거대한 구조적 임무를 맡고 있는 것이다.

나무라고 하는 특별한 물질

조치쿠쿄의 「작은 구조설계」를 모두 가능하게 하는 것이 나무라고 하는 특별한 물질이었다. 유연하면서도 탄력이 강하고 게다가 힘의 분산과 전달이 용이하여 자연스럽게 힘을 흡수하는 나무라고 하는 물질. 다양한 부분에서 각각의 요청에 응답하고 제대로 대응하는 나무의 유연성. 나무는 간단하면서도 유연하게 지진이나 태풍으로부터 건축을 지켜주며 한편으로 건물을 투명하게 하는 능력도 갖추었다.

후지이는 이「작은 구조설계」의 압도적 자유와 유연성을 코르뷔지에 등의「혁명」파에게 보여주고 싶었음에 틀림없다. 코르뷔지에의 도식적이며 머릿속「자유」를 대신하여 복잡하고 심오한「자유」를 보여주고 싶었던 것이다.

「자유」의 밑바탕에 있는 것은 일본의 목조 전통건축이 품고 있었던 다양한 지혜였다. 그 축적이 모더니즘건축이라고 하는 촉매제의 도움을 받아서, 다른 표현으로는 모더니즘이라고 하는 라이벌을 얻은 덕분에 멋지게 꽃을 피웠다. 그러한 의미에서 조치쿠쿄는 절충적이라고 할 수 있고, 진정한 의미에서의 화양절충(和洋折衷)이라 할 수 있다. 후지이의 성과를 1928년이라는 시점에서 이해했던 사람은 없었다. 일본에서는 후지이의 존재는 물론 조치쿠쿄도 오랫동안 잊혀 있었던 것이다.

1933년 일본에 오고서 바로 조치쿠쿄를 방문했던 부르노 타우트 — 그렇게도 일본을 사랑하고 이해하고 있었을 터인 타우트 — 는「지극히 우아한 일본건축」,「실로 모든 곳에 미치는 배려」라고 표현하면서도 건축가 후지이에 대해서는「감각이 심각하게 결여되어 있다」라고

평하여, 놀랍게도 흑평을 쏟아내었다. (*Bruno Taut in Japan*
DAS TAGEBUCH ERSTER BAND 1933.) 완공 10년 후인 1938년
후지이는 49세의 젊은 나이로 생을 마감하여 이 주택에
대한 망각은 가속화되었다. 세밀한 엔지니어링을 매개
로 하여 일본과 서구를 연결하고자 했던 시도는 전쟁이
라고 하는 새로운 상황 속에서 잊히게 되어, 사라져버리
고 만 것이다.

호리구치 스테미(堀口捨己) ― 너무 일렀던 분리파건축회

다음으로 소개하는 절충의 건축가는 호리구치 스테미
(堀口捨己, 1895-1984, 그림 18)이다. 후지이 코지가 너무 이른
시기에 환경 지향 때문에 잊혔다면, 호리구치도 다른 의
미에서 잊힌 건축가였다.

호리구치는 일본에 처음으로 모더니즘을 도입한 건축
가로 알려져 있다. 압도적인 열정을 가진 인물인 호리구
치는 도쿄대학 건축학과에 재학 중이던 1920년에 일본
에서 시작된 최초의 모더니즘건축운동인 분리파건축회
를 동기였던 야마다 마모루(山田守, 1894-1966), 이시모토

기쿠지(石本喜久治, 1894-
1963)와 함께 발족하였
다. 이는 놀랄 정도로
이른 시기였는데, 너무
일렀다는 해석도 가능
하다. 너무 이르기도
했고 후배였던 마에카

그림 18 호리구치 스테미
(堀口捨己)

와 구니오(前川國男, 1905-1986), 단게 겐조 등에 의한 「혁명」
의 등장으로 호리구치라는 선배의 존재는 금세 잊히고
말았다.

호리구치가 주도한 분리파건축회가 모델로 삼았던 것
은 그 이름으로 알 수 있듯이 독일과 오스트리아를 중심
으로 19세기 말에 일어났던 분리파운동(Secession)이었
다. 유럽의 분리파운동은 모더니즘 vs 양식주의 전쟁의
전초전 성격이었다고 할 수 있는데, 본 전쟁이 시작되자
전초전은 금세 잊히게 된다. 종전의 아카데미즘으로부
터의 분리를 주창하며 분리파라는 이름을 붙이고 예술
성을 탐구하였는데, 그들의 진중하고 치밀한 분리작업은
완벽한 단절을 목적으로 하는 「혁명」파의 등장으로 잊히
게 되었다. 이는 「혁명」이 있으면 그 주변에서 으레 일어

나는 안타까운 현상이었다.

　그러나 분리파가 빈이나 다름슈타트에 남긴 작품을 실제로 접해 보면 그 공간과 질감의 풍부함은 압도적이다. 심한 단절로 사람들을 놀라게 했던 「혁명」파의 난폭한 작품과는 비교도 되지 않는다. 분리에 대한 강한 의지가 담겨 있는 동시에, 부지의 특징이나 그 장소의 문화 등에 대한 애정이 넘쳐서 우리들의 마음을 깊이 자극한다. 성심을 다하여 차분하고 진중하게 「분리」가 행해졌던 것이다.

네덜란드와의 만남과 시엔소(紫烟莊)

　이에 더하여 실물과 사진이라고 하는 20세기 특유의 문제도 관련되어 있다. 사진, 그것도 해상도가 낮고 조악한 작은 사진 이미지가 정보유통의 수단이었던 20세기 전반에는 분리파의 신중하고 절충적인 작업의 가치가 제대로 전달되지 않았고, 「혁명」파의 분명하면서도 난폭한 단절을 찍은 사진이 사람들의 시선을 빼앗았던 것이다.

　일본에서 분리파운동을 일으킨 중심인물이었던 호리

구치도 유럽의 분리파 작품을 직접 목도하였던 적이 있다. 중요한 것은 일본의 분리파 사람들도 또한 후지이 코지와 마찬가지로 혁명 전의 유럽을 방문하고, 혁명 전야의 긴장감 넘치는 작품군을 직접 체험하였다는 점이다.

호리구치는 1923년부터 1924년까지 유럽을 여행하였고, 그 여행 중 그리스의 파르테논신전을 방문하여 유명한 말을 남겼다.

차갑고 엄격하며 곁을 허락하지 않는 아름다움에 흠뻑 취해서 적당한 길을 찾을 수밖에 없었던 것이다.

(堀口捨己, 「현대건축과 수키야에 대하여(現代建築と數寄屋について)」『호리구치 스테미 작품—집과 정원의 공간구성(堀口捨己作品・家と庭の空間構成)』, 鹿島出版會)

이「적당한 길」의 힌트를 주고 그에게 강력한 영향력을 준 것은「혁명」전야의 네덜란드건축이었다. 호리구치는 귀국 후 바로『현대 네덜란드건축』을 출판하였다. 그 속에서 소개된 네덜란드 근대건축 중에서도 가장 그의 마음을 빼앗은 건물이 일본에서는 과거의 것이라고 간주되었던 초가지붕의 집이었다. 초가지붕의 주택이 전원

그림 19 파크 메이르빅의 주거

에 점재하는 새로운 교외주택지 파크 메이르빅에서 그는 「적당한 길」을 발견한 것이다.(그림 19)

네덜란드에서 초가를 재발견한 호리구치는 귀국 후 그의 이름을 널리 알린 시엔소(紫烟莊, 그림 20)라는 건물을 설계하였다. 초가지붕과 사각형의 상자로 되어 있는 불가사의한 융합체인 시엔소(1926)를 디자인하고, 시엔소에 걸맞은 「건축의 비도시적인 부분에 대하여(建築の非都市的なものについて)」(『호리구치 스테미 건축논집(堀口捨己建築論集)』岩波文庫)라고 하는 흥미로운 소논문을 집필하였다.

시엔소와 그 소논문은 놀라울 정도로 이른 모더니즘건축에 대한 비판이었다. 모더니즘이 시작되었는지 시작되지 않았는지도 명확하지 않은 여명기에 비판이 이루어

94

그림 20 시엔소(紫烟莊, 호리구치 스테미, 1926)

졌다는 점에서 비정상적으로 빨랐다고 할 수 있다. 어떤 의미에서는 예언적인 모더니즘 비판이었다.

그러나 근대과학과 공장적 산업에서 생겨난 다각적이고 소란스러운 도시생활은 필요 이상의 경쟁적 흥분과 피로를 낳았고 (중략) 주택이란 무엇인가, 어떠한 요구에 의해 만들어지는 것인가를 자연 그대로 생각해 볼 여유를 갖지 못하고 우선 다수에게 당면한 문제를 수용하는 것에 급급하게 되고 마는 것이다.

(堀口捨己, 「건축의 비도시적인 부분에 대하여(建築の非都市的なものについて)」)

근대의 비인간적인 압력들과 스트레스로부터 도망치기 위하여 비도시적인 성격을 갖는 주택이 필요하다고 하는 것이 전반적인 의미에서 「너무 일찍 내린」 호리구치의 결론인 것이다.

이 「비도시적인 성격」을 호리구치는 건축재료와 결부하여 다음과 같이 논하고 있다.

타기 쉽고 썩기 쉬운 풀과 나무, 무너지기 쉬운 흙, 찢어지기 쉬운 종이 등 항구적이지 않은 재료가 건축재료로 사용되는 것은 자연의 위협이나 외적의 침입에 대비하여 지키기 위한 건축에서는 적용되기 어렵고 단지 편안하고 조용한 휴식이나 즐겁고 아늑한 자연의 성장이 감싸고 있는 가정에서만 있을 수 있다. (중략) 이들은 환경으로서의 자연과 융합하고 조화로우며, 또한 그 자체로 부드럽고 자극이 없다. 특히 두꺼운 초가지붕과 같이 많은 공극을 쌓아서 만들어내는 것의 원만함과 따스함은 어떠한 것으로도 치환하기 어려운 느낌을 준다. 또한 근대적인 감각에도 벨벳과 같은 불가사의한 감촉을 주는 부분에 애착이 간다.

(앞의 글)

물질로서의 건축론과 다실(茶室)의 조우

건축재료, 즉 물질을 주역으로 하여 논하는 건축론은 매우 독특하다. 모더니즘건축론에서도 종종 자연을 논한다. 코르뷔지에는 도시에 자연을 회복시키기 위하여 건물을 필로티 형식으로 띄우고 대지는 자연상태로 회복하자고 주창하였지만 그에게 있어 자연이란 녹색식물, 즉 수목이나 풀을 말하는 것이었다. 라이트나 미스도 건축을 투명하게 하고 개방적으로 하는 방식에 의해 자연과 건축을 연결하고자 하였지만, 여기에서도 그들에게 있어 자연은 건축의 「외부」에 있었다. 건축을 구성하는 물질 자체 속으로 「자연」을 끌어들이고자 하는 호리구치의 접근방식은 매우 독특하면서도 예언적이다.

그 원점에 있는 것은 유연하고 타기 쉬운 재료, 즉 「약한 재료」를 기본으로 하여 건축과 도시를 지속적으로 만들어 온 「일본」이라고 하는 장소였다고 나는 느낀다. 일본이 호리구치를 낳았고 호리구치의 독특한 건축론을 낳은 것이다. 보다 정확히 말하자면 네덜란드에서 초가지붕과 만난 호리구치는 「약한 재료」에 눈을 떴고, 물질의 국가 일본에 눈을 떴던 것이다.

이는 또한 호리구치와 다실과의 만남이기도 했다.

감상으로 가득한 생활은 훌륭한 회화를 보는 즐거움이
지만 삶 속에서 항상 눈앞에 두고 보겠다고 규정하는 것
과 같이 제약이 있는 생활은 참기 어렵다. 봄, 여름, 가
을, 겨울 또는 기쁨으로 충만한 때나 근심에 빠져 있을
때, 그 외에도 다양한 환경에 의해 각각 색조나 양식, 마
음가짐이 달라지는 예술을 요구하는 생활을 원한다. (중
략) 이것과 마찬가지 생각을 건축에서 살펴보자면 회화
나 조각은 건축의 도코노마(床の間)에 해당하게 되는 것
이다. 이는 회화에서 테두리가 있는 것과 같이 내부에서
볼 수 있는 특수한 공간으로, 그리고 그 안에 배치하는
예술품의 자유로움을 공간이 미치는 영향으로부터 완
화시키고 독립시키는 동시에 그 회화가 공간에 미치는
분위기를 그 특수한 공간 내로 한정하고 있기 때문이다.
  (앞의 글)

  그리고 이후 1930년 무렵 코르뷔지에와 미스 등의 「혁
명」을 목도하고 호리구치의 차에 대한 관심은 한층 높아
진다. 젊은이들의 아방가르드로서 동료들과 함께 화려
하게 등장한 분리파는 1928년 제7회 전시를 마지막으로
산회하였고, 호리구치는 「다실은 찻물을 준비하기 위한

건축설비이다」라고 한 코르뷔지에의 「주택은 생활을 위한 기계이다」라는 선언한 혁명적 선언을 풍자하여 자극적인 서문으로 알려진 「다실의 사상적 배경과 그 구성」(1933)이라는 저작을 썼다. 그 이후 아방가르드와는 대조적이라고 할 수 있는 다실의 연구에 몰두했던 것이다.

이 호리구치의 다실 연구에서 주목할 것은 다실이라고 하는 건축공간만을 논한 것이 아니라 정원에 대하여 커다란 관심을 가졌던 것에 있다. 호리구치의 정원에 대한 관심은 타우트가 가쓰라리큐라고 하는 「정원」을 발견한 시점보다도 이른 시기였다. 정원에 주목한 개척자는 타우트가 아니라 호리구치였다. 또 찻잔(茶杓), 찻그릇(茶碗), 숯 등의 사물에 대해서도 건축가의 연구라고 생각하기 어려울 정도로 깊은 고찰을 통해 연구를 개척하였다.

유럽의 「혁명파」건축가의 용감한 건축론과는 대조적으로 호리구치는 정원과 물질과 도구에 대한 탐구를 향해 나아갔던 것이다. 일본이라고 하는 장소, 거기에서 태어나고 자란 일본건축이라고 하는 존재에 대한 고민을 바탕으로 호리구치의 일견 어긋나 보이는 건축에 대한 접근은 커다란 시준으로 작용해 주었다.

「약한 물질」은 일본건축디자인의 기본이었다. 「약한

물질」에 대한 애정이 그 모든 것의 기초에 있었고, 거기에서 「약한 형태」가 도출되었고, 「약한 디테일」이 창조된 것이다. 호리구치의 「약함」에 대한 집착은 변함이 없었고, 「약함」이 버려지는 일도 없었다. 호리구치는 그 근거를 비도시성에서 찾고 사물에 대한 애착으로 발전하였다. 도시화와 「혁명」의 진행을 보며 기어코 비도시성에 대한 지향을 강화시켰고, 사물에 대한 애착도 깊어만 갔던 것이다.

민예(民藝)와 고현학(考現學)에 의한 사물의 발견

호리구치가 주목한 작은 사물들은 일본건축에서 빼놓을 수 없는 주역이었다. 건축공간이 선행하고 그후에 사물이 놓이게 되는 것이 아니고, 건축과 사물의 경계는 원래 애매한 것으로 건축과 사물이 혼연일체가 되어 일본의 건축공간이 성립했던 것이다.

그러한 의미에서 호리구치에게 있어서 건축은 유럽에서 말하는 건축과는 다른 것으로, 정확히 살펴보자면 다른 용어로 구분하여 표현할 필요가 있을지도 모른다. 호리구치는 이 점을 누구보다도 빨리 간파하고 건축과는 비교도 되지 않을 정도로 작은 다구(茶具)의 중요성에 주목하였다.

이 작은 사물들의 중요성은 디자인이나 건축에 종사하던 사람들이 전쟁 이전부터 조금씩 느끼기 시작하였다. 예를 들어 1926년 민예라고 하는 디자인운동이 시작되었다. 민예는 일본건축을 논함에 있어 피할 수 없는 운동이라 할 수 있다. 그럼에도 불구하고 일본건축사 속에서 민예는 거의 다루어지지 않고 있다. 이는 민예가 오로지 사물에만 관심을 가졌기 때문이다.

실제로 민예운동의 인물들도 사물이 놓이는 공간의 중요성에 대해 이해하고 있었다. 민예라고 하면 누구나 도쿄 고마바(駒場)에 있는 일본민예관(日本民藝館)이나 교토 가와이 칸지로(河井寬次郎) 저택의 어두운 빛깔의 목재와 백색 회벽의 조합으로 구성된 공간이 머릿속에 떠오를 것이다. 민예의 사물들과 이 고민가(古民家)를 개장한 흑과 백의 공간은 물론 일체화되어 있다.

그러나 서구풍 「건축」이라는 개념에 빠져들었고 더욱이 「혁명」파의 용감한 폭령성에 압도된 당시의 건축계 사람들에게 있어서 수면 아래에 있는 사물들은 건축과는

그림 21 박람회 출품 「민예관」(야나기 무네요시, 1928)

관계가 없는 것이라 여겼고, 건축사의 서술에도 등장할
필요가 없는 것이라고 생각되었던 것이다. 거의 유일하
다고 해도 좋을 건축가의 민예에 대한 공감은 호리구치
에 의해서 이루어졌다. 우에노(上野)공원의 「대례기념(大
禮紀念) 국산진흥(國産振興) 도쿄(東京)박람회(博覽會)」(1928)
속에서 야나기 무네요시(柳宗悅, 1889-1961)의 디자인으로
세워진 민예관(그림 21)에 대하여 호리구치 스테미는 다음
과 같은 글을 적었다.

박람회에서 불가사의하게도 내 마음을 빼앗아간 것이
하나 있었다. 그것은 민예관이다. 이를 건축적으로 보

면 불건전한 현학적 취향이 있는 듯 보이고, 또 수공예적 주장과 그 작품은 아무래도 시대착오적이기도 하다. (중략) 그러나 민예관이 이렇듯 반시대적임에도 불구하고 우리 마음에 걸리게 하는 것이 있다. 이는 그 향토적 정서나 회고적 분위기에 끌리는 것뿐만 아니라 무언가 거기에 진실한 것이 감추어져 있는 듯이 느껴지기 때문이다.

(『일본건축사(日本建築士)』, 日本建築士會, 1928년 5,6월호)

호리구치는 일본에서 사물은 공간의 조연이 아닌 주연이라고 느끼고 있었다. 그만이 민예관의 진정한 의미를 이해할 수 있었던 것이다.

야나기다 쿠니오(柳田國男, 1875-1962)의 문하에 있으면서, 와세다대학 건축학과에서 오랫동안 교편을 잡았던 곤 와지로(今和次郎, 1888-1973)가 1923년에 일어난 관동대지진 이후 시작한 「고현학(考現學)」이라는 사물에 대한 수집과 연구도 건축계의 사람들이 보면 건축계 바깥에 있는 활동이었다. 차 도구와 같이 실내에 놓이는 사물에 그치지 않고 거리에 놓여 있는 간판이나 가로등 같은 다소 거대한 사물의 디자인에 대한 것도 폭넓게 채집하고 연구하였다.

곤 와지로의 연구는 일본의 사물이 담당하고 있는 역할에 대해 깊이 이해할 수 있는 획기적인 연구였음에도 불구하고 어설픈 모방품을 연구하는 활동으로만 간주되었다. 후지모리 테루노부(藤森照信, 1946-)를 비롯한 연구자들에 의해 1986년 노상관찰학회(路上觀察學會)가 설립된 이후로 곤 와지로는 비로소「정통」건축사학자로서 높이 평가받을 수 있게 되었고 그의 고현학도 늦은 감은 있지만 건축역사학 분야의 활동으로 다시 검토되는 등 재발견이 이루어졌다.

대지진, 역병 이후 약한 물질과 사물에 대한 관심으로

민예와 고현학이 모두 관동대지진 직후에 활동을 개시한 것은 주목할 만한 가치가 있다. 지진으로 건축이라고 하는 하드웨어가 괴멸적 피해를 입었고, 서구적인 정의에 기반한「건축」의 본질적 나약함이 여실히 드러났다. 이 과정에서 사람들의 관심이 사물이라고 하는 작지만 명확한 존재로 이행해 갔던 것이다.

　재해로 인해 사물을 발견하게 되는 프로세스는 지진, 쓰나미, 화재 등 대재해에 휩싸이게 될 때마다 반복적으로 이루어졌다. 이 프로세스를 반복하면서 일본의 공간 속에서 사물의 가치가 높아지고 일본의 문화 속에서 사물의 존재감이 높아졌다. 재해로 인한 건축 불신과 사물로의 관심 경주는 일본이라고 하는 재해가 많이 일어나는 국가의 문화를 움직여 왔다고 나는 생각한다. 재해 뒤에 생겨나는 사물에 대한 관심 증가라는 벡터는 일본문화의 기본 운영시스템이라고 부를 수 있다.

　2011년 동일본대지진을 체험한 우리들은 이 프로세스를 특히 실감할 수 있다. 강건하다고 믿어 왔던 콘크리트 건축물이 압도적인 자연의 힘 앞에서는 얼마나 무기력하고 무너지기 쉬웠는지 확인하게 되면서 일본인은 또다시 변질되었다. 정확히 말하면 유사 이래 재해가 있을 때마다 반복적으로 일어난 그 변질, 그 각성이 다시 한 번 반복된 것이다.

　재해는 사람들을 사물에 대한 것만이 아니라 「약한 물질」로 향하게 만들었다. 동일본대지진 이후의 일본에서도 왜인지 급격하게 목재 이용에 대한 관심이 높아졌다. 논리적으로 생각해 보면 대재해를 체험한 사람은 「약한 물질」로 관심이 옮겨 갔음을 확인할 수 있다. 왜인지 일본에서는 역설적인 사건이 반복된 것이다.

이 역설이 관동대지진 직후 1924년 호리구치에게 「건축의 비도시적 부분에 대하여」를 써내도록 하였고, 「약한 물질」을 찬미하도록 하였다. 후지이 코지는 마찬가지로 지진 이후인 1928년에 준공한 조치쿠쿄에서 얇은 선반을 구조체로 하는 섬세한 목조건축에 도전하였고, 종이라고 하는 약한 물질을 철저히 사용하였다. 지진 직후였기 때문에 약한 물질인 것이다.

지진 이후 바로 출판된 『일본의 주택』(明治書房) 속에서, 후지이는 일본의 종이는 일본 주택에서 없어서는 안 될 존재라고 반복하여 의견을 드러냈다.

종이를 투과하여 빛을 밝히는 햇빛은 신체에도 좋고, 미적 매력이 있는 것이다.

나는 목조건물에 흙벽을 채용하기를 주장하고 싶다. (철저히 시공하자면 오랜 시간이 걸린다고 할지라도.) 그러나 내가 채용하고 있는 것은 그림에서 보이는 것과 같은 개선된 흙벽이다. (중략) 한편 안쪽 표면은 강회비빔의 마지막 마감단계를 생략하고, 온도와 습도 조절에 매우 효과적인 한지를 발랐다.

　일본의 주택에서, 만약 주택계획에서 실로 중요한 종이라는 요소가 제외되었다면 매력적인 특징을 잃어버린 것이라 할 수 있다.

　여기에 더하여 역병이라고 하는 다른 종류의 재해에도 관여하였다. 대지진에 앞서서 1918년부터 1920년까지 스페인독감이 유행하여 일본에서는 인구의 약 1%인 45만 명이 사망했다. 역병으로 인한 죽음에 대한 공포도 또한 왜인지 「약한 물질」과 사물에 대한 관심도를 높였다.
　스페인독감과 관동대지진이 호리구치나 후지이를 「약한 물질」에 관심을 갖도록 한 것과 마찬가지로, 동일본대지진과 코로나19 펜데믹으로 나무에 대한 관심이 높아졌다. 동일본대지진 이전의 일본건축잡지는 콘크리트 타설, 알루미늄, 유리 일색으로 분량을 채우고 있었다면, 이후에 왜인지 급변하여 따뜻한 나무색이 페이지를 지배하기 시작하였다.
　동시에 사물에 대한 관심도 또한 높아졌다. 현대의 민예운동이라고도 부를 만한 무인양품(無印良品)의 상품은 동일본대지진과 코로나19 펜데믹 이후에 크게 매출이 증가하였다. 「칩거수요」라고 불리는 현상으로 가구나 인테리어 용품 등의 매출이 계속 증가하였다. 재앙은 우리에게 잊을 수 없는 상흔을 남겼지만 이를 경험하고 극복하는 과정에서 일본은 보다 일본스러워졌고, 이 프로세스를 반복하면서 일본은 단련되어 온 것이다.

호리구치는 어떤 의미에서 그 프로세스를 상징화하고 형상화한 건축가였다. 호리구치는 시대상에 가장 민감하게 반응하고 아방가르드 분리파운동을 통해 약한 물질과 사물이 지배하는 「반도시성」으로의 전향을 꾀한 것이다.

이 전향에 앞서서 전후(戰後)라고 하는 또 다른 시간이 찾아왔다. 전후가 그에게 어떠한 것을 가져다주었을까? 한마디로 말하자면 호리구치는 전후의 흐름 속에서 방치되고 잊혀 갔다. 후지이가 요절하며 잊힌 것과 마찬가지로 호리구치도 또한 사라진 것이다. 이러한 의미에서 호리구치나 후지이는 「전전(戰前)의 건축가」였다. 전쟁 이전이라고 하는 일본사에서 가장 농밀하고 풍부한 시대를 살며 그 시대의 양분을 디자인으로 승화시켰고, 디자인은 남고 본인은 사라지고 만 것이다.

Ⅲ. 수키야(數奇屋)와 민중

-요시다 이소야(吉田五十八), 무라노 토고(村野藤吾), 레이먼드

요시다 이소야, 무라노 토고와 전후(戰後)

요시다 이소야(1894-1974, 그림 1)와 무라노 토고(1891-1984, 그림 2)는 「전후(戰後)의 건축가」라고 간주되지만 정확히 말하자면「전전(戰前)」부터 많은 것을 흡수하여 이를 전후라고 하는 다른 차원의 세계에서 개화하였다. 다른 차원에 돌입한 일본이 그들의 「전전」을 필요로 하고 그들은 일본건축에 새로운 페이지를 더하였다.

요시다 이소야와 무라노 토고는 나의 건축가 인생에서도 수많은 접점이 있었다. 두 사람의 대표작이라고도 할 수 있는 2개의 가부키자(歌舞伎座) — 요시다가 도쿄 긴자(銀座) 고비키초(木挽町)에 디자인한 제4기의 가부키자(1950), 무라노가 오사카(大阪) 난바(難波)에 디자인한 신가부키자(新歌舞伎座, 1958)—의 재생에 내 자신이 관여하였던 기이한 인연을 가지고 있다.

도쿄미술학교(현 도쿄예술대학)에서 요시다 이소야를 가르친 스승 오카다 신이치로(岡田信一郎, 1883-1932)가 설계했던 제3기 가부키자(1924)는 1945년의 공습으로 반파되었다. 요시다는 이를 전후라고 하는 냉혹한 경제조건하에서 요시다 방식으로 수복하고 개수하여 제4기 가부키자로 재생하였다. 대표적인 일본문화의 극단(極端)을 형성하는 가부키(歌舞伎)는 이 제 4기와 함께 성장하여 사랑받았다. 그러나 구체(軀體)의 상당 부분이 공습으로 인한 화재로 커다란 피해를 입은 상태인 채로 수리가 이루어졌고 내진 보강은 불가능하다는 것이 판명되었다. 요시다의 디

그림 1 요시다 이소야

자인을 답습하여 그 상부에 고층 오피스빌딩을 얹은 것이 우리가 관여하였던 제5기 가부키자(2013)이다.

한편, 무라노의 신가부키자는 2010년에 우에혼마치(上本町)의 신축 빌딩으로 이전하였고, 새로운 건축주에 의한 호텔 건설을 위해 해체가 결정되었다. 이 새로운 호텔의 설계 의뢰가 우리에게 들어왔다. 무라노가 디자인한 연속적인 가라하후(唐破風)의 아름다움에 빠져서 우리는 무라노 건축의 재생을 조건으로 의뢰를 수락하였다. 최종적으로는 도쿄의 요시다와 동일하게 그 상부에 고층건물을 얹는 방식으로 난바의 랜드마크였던 연속적 가라하후의 경관을 어떻게든 보존할 수 있었다.

이 두 번의 재생 체험을 통해 나는 요시다 이소야와 무

그림 2 무라노 토고
(©Togo Murano Archives)

라노 토고라고 하는 두 명의 「화(和)의 거장」과 치밀하게 어울릴 수 있었다. 이 둘의 건축을 사체 해부하는 것처럼 요소별로 분리하여 당시의 재료부터 기술자의 기술까지를 조사하여 둘의 습관과 기호, 그 속에 있는 사상까지 철저히 답습하였다.

이를 통해 도달한 결론은 요시다와 무라노라고 하는 두 명의 거장은 함께 서 있지 않았다는 것이다. 이 둘은 동시대에 함께 견주며 서 있었던 것처럼 보이지만 사실 요시다의 뒤를 이은 것이 무라노였다. 즉 둘은 동일한 시기에 존재해 있던 것이 아닌 다른 시간대, 다른 시대에 속하고 있었던 것이다. 무라노가 요시다보다 3살 위라고 하는 사실관계와는 반대로 요시다의 뒤에 무라노가 있었다. 전후라고 하는 시대의 시간적 구조가 그러한 것이었다. 무라노는 요시다의 뒤를 이어 나타나 요시다를 철저히 비판한 것이다.

서구에 의한 좌절과 수키야(數奇屋)의 근대화

우선 요시다가 등장하여 일본의 근대를 만들었다. 앞에서 기술했던 후지이, 호리구치 등의 「절충적」 건축가의 사례와 마찬가지로 젊은 요시다도 또한 1925년 유럽으로 유학하였고 「혁명 전」 유럽의 풍부한 건축군을 직접 경험하였다. 특히 고대 로마, 고딕, 르네상스라고 하는 역사적 건축물에 압도되어 그것들을 접하고 난 요시다의 감상은 독특하였으며, 이상하리만큼 차분하였다.(요시다 및 도쿄예대 동문 건축가들의 서양행, 그리고 「근대 수키야 주택과 명랑성(近代數奇屋住宅と明朗性)」에 대해서는 후지모리 테루노부의 「건축사에서의 요시다 이소야(建築史上の吉田五十八)」(『이소야 씨의 수키야(五十八さんの數奇屋)』)를 참고하였다.)

이 위대한 충격은 내 종래의 건축관을 일거에 뒤집는 것입니다. 이러한 엄청난 명작을 보고 이에 열중하여 생각해낸 것은 건축도 이 정도에 도달하려면 인간의 지혜와 능력 이전의 문제라는 것입니다. 민족, 혈통, 역사, 전통……이라고 하는 것으로부터 얻은 무언가를 향해 거슬러 올라가지 않으면 이해할 수 없는 문제라고 생각합니다. 그리고 결론적으로 말하자면 거기에서 태어난

사람으로 거기에서 피를 이어받은 사람이 아니라면 세
울 수 없는 건축이라고 단언할 수밖에 없습니다. 그렇다
고 한다면 일본의 전통건축도 마찬가지로 일본민족의
피를 이어받은 일본인이 아니면 결코 할 수 없는 것입니
다. 이렇게 생각해 보면 역시 일본인은 일본건축을 통해
서구의 명작과 대결해야 하고 또 훌륭히 경쟁할 수 있습
니다.

(吉田五十八,「수키야 십화(數奇屋十話)」『요설초(饒舌抄)』, 中公文
庫)

이 혈통제일주의, 일종의 나치즘적 서술은 「'가문보다
는 가정환경'이 아닌 '가문과 가정환경'이다」라고 한 요시
다의 유명한 「도련님」 발언과도 일맥상통하는 측면이 있
다. 오타이산(太田胃散)의 창업가에서 태어난 요시다의 자
존심에 반발이나 분노를 느끼는 사람도 있을 것이다. 그
러나 그 뒤의 문장을 읽어 보면 가슴을 쓸어내릴 수 있
다.

그러나 현재 일본건축의 모습 그대로는 경쟁할 수 없
다. 지금의 일본건축은 단지 선조의 유산에 지나지 않기

때문이다. 이를 유산으로부터 자신의 유산으로 바꾸어 놓을 수 있어야만 한다. 그렇게 하기 위해서는 지금까지의 전통적 일본건축에 근대성을 부여하는 것을 통해 지금까지와는 다른 새로운 감각의 일본건축이 생겨날 것임에 틀림없다. (중략) 나는 우선 수키야건축의 근대화부터 착수해 보고자 생각한 것입니다. 그렇게 생각한 것은 종래의 일본건축 중에서 수키야가 가장 근대화되어 있고 현대생활에 불러들이는 것도 쉽다고 생각했기 때문입니다.

(앞의 글)

전쟁 이전의 젊은 시절에 유럽을 탐방한 후 요시다는 놀랄 정도의 스피드로 인생의 결론에 도달해 버렸다. 「수키야의 근대화」라고 하는 방법을 「대탐험」 직후에 발견한 것은 요시다의 천재적인 열정의 산물이라고 할 수 있지만, 물론 여기에도 모든 「천재」의 경우에 그러한 것처럼 주변 상황이 「천재」를 탄생시킨 것이라고 할 수 있다.

요시다의 조급함과 모순

병약하여 8년 걸려서 겨우 대학을 졸업한 「도련님」인 요시다를 제치고 앞서 가듯 도쿄예대의 능력 있는 후배 2명, 미즈타니 다케히코(水谷武彦, 1898-1969)와 야마와키 이와오(山脇巖, 1898-1987)가 오카다 신이치로(그림 3)의 추천을 받아 요시다가 유럽으로 여행을 떠날 무렵 바우하우스로 유학을 떠났다. 그리고 모더니즘의 정통인 바우하우스의 방식을 일본에 가지고 돌아왔다.

요시다에게 조급함이 없었을 리 없다. 단번에 자신의 뒤처짐을 반전시키고자 요시다는 「수키야의 근대화」라고 하는 방법을 발견하면서 한판 승부에 나섰다.

1926년에 귀국한 후 요시다는 근대 수키야라고 불리는 스타일의 주택건축을 탄생시켜 진격을 개시하였다. 건축가는 화가나 음악가 등과 비교하여 보다 복잡하고 만년에 이름이 알려지는 것이 일반적이라고 알려져 있다. 발주자가 없으면 작업의 경험을 쌓는 것도 불가능하고 하물며 건축설계에 필요한 지식은 광범위하여 수많은 경험을 거쳐서 비로소 자신만의 스타일이 발견될 수 있기 때문이다.

그러나 요시다는 대학졸업에 8년이 걸렸음에도 불구

하고, 어쩌면 그렇기 때문에
이상하리만큼 성과를 내고자
서둘렀다. 귀국 후 불과 9년
만에 자신의 스타일을 정리한
소논문 「근대 수키야주택과
명랑성(近代數奇屋住宅と明朗性)」
(『건축과 사회(建築と社會)』, 1935년

그림 3 오카다 신이치로

10호)를 발표하였다. 논문에도 거기에 수록된 작품의 이미지에도 이미 요시다 이소야라고 하는 건축가의 전부를 보여주었다. 이 논문의 요점은 요시다가 수많은 일본의 건축양식 중에서 수키야양식을 선택하였다고 하는 것에 있다. 왜 요시다는 수키야를 선택하고 이를 근대화하고자 결단했던 것일까?

그 이유에 대해서는 논문에서 명확히 밝히지 않았다.

오히려 반대로 수키야건축은 근대화와 대척점에 있다고 솔직하게 고백하고 있다. 다도(茶道)라고 하는 복잡한 인간관계와 복잡한 법칙에 묶여 있기에 수키야는 근대성과는 정반대로 멀어지고 말았다고 요시다는 수키야를 예리하게 비판하였다.

그렇다면 왜 요시다는 수키야양식을 선택한 것일까?

이 선택은 전후(前後)라고 하는 다른 차원의 시간대에서 뉴욕근대미술관(MoMA)이 수많은 전통적 일본건축 중에서 수키야와는 극단에 있는 쇼인즈쿠리(書院造)를 선택한 것과 좋은 대조를 이룬다.

요시다는 다실이 원래 청빈한 것이었다는 것을 발견하고 청빈함 속에서 가능성을 도출한 것이다.

다실은 누구나 알고 있는 것처럼 무로마치(室町)시대에 아시카가(足利) 가문 일당이 기타야마(北山)에 금각(金閣)을 세우고, 기타시라카와(北白川) 쪽에는 은각(銀閣)을 세우며 그 권세를 누리던 시기에 그곳에 건축하였던 것이 다실의 시초이다. 그런데 객간(客間)의 일부분으로 석가정(夕佳亭, 건축연대는 후대이지만)과 동구당(東求堂)을 건축하여 금각사와 은각사의 호화로움과 한적함을 대비시킴으로서 얻는 취미, 즉 대비요소(contrast)로서 수키야를 갖추었던 것이다.

(앞의 글, 「근대 수키야주택과 명랑성(近代數奇屋住宅と明朗性)」)

금각과 은각의 「호화로움」에 대한 안티테제가 수키야의 시작이었다는 것을 요시다는 깊이 되새기며 그 안티테제로서의 소박함이야말로 미래 건축양식으로 이어지는 커다란 가능성임을 발견한 것이다.

반양식주의를 기본으로 하는 근대화란 본질적으로 반귀족주의이며, 재료나 스케일에 있어서도 반호화주의였다. 모더니즘건축가는 그 가치관과 미의식을 공유하고 있었다. 명문 부유층에서 태어나 이를 항상 의식하고 있었던 요시다는 이 모순을 명확히 이해하고 있을 터이다. 이 모순과 조급함이 최종적으로 그만의 독자적인 수키야를 낳았다. 그것이 「밝은」 수키야라는 해답을 찾게 하였다. 요시다도 모더니즘의 산물이었으며, 시대의 산물이었다.

원래 수키야는 청빈함에서 시작했을 터인데 번잡한 룰이 지배하는 다도라고 하는 시스템에 의해 변질되고 타락하고 만 것이 모더니스트였던 요시다의 인식이었다. 수키야을 어떻게 하면 귀족주의와 세습주의로부터 해방시킬 수 있을까에 대하여 그는 모색하였다. 이는 요시다의 스스로의 생각과 모더니즘을 타협시키는 작업이었다.

요시다가 도출한 답은 논문의 타이틀에도 적혀 있는 명랑성(明朗性)이다. 명랑성은 사람의 성격을 형용하는데 사용되기는 하여도 건축론에 사용되는 경우는 거의 없다. 오늘날의 건축용어로 표현하자면 명랑성이란 투명성과 개방성이 합체한 것을 일컫는 말이라고 보아도 좋다. 시각적으로 투명한 것뿐만 아니라 동작을 통해 개방이 가능한 특징을 갖는다는 것을 뜻한다. 인간의 감각기관에서 보내는 신호는 크게 시각, 청각, 동작계로 분류된다고 생각되는데, 요시다는 동작계를 구사하여 투명성을 실현하고자 하였다고 할 수 있다. 창호의 개방을 통해 투명성을 실현해 온 일본의 전통공간은 동작계가 차지하는 배분이 원래 높은 편이라 요시다는 그 부분을 잘 활용하여 적용한 것이다.

밝은 수키야와 미닫이 수납 창호

모더니스트들이 한마음으로 투명성을 추구하던 20세기 초에, 투명하지 않지만 명랑한 수키야, 밝은 수키야라고 하는 지극히 유니크한 해답을 요시다는 제안한 것이다. 코르뷔지에와 미스를 비롯하여 수많은 모더니스트들이 유리면을 넓게 사용하는 것으로 투명성 제고를 시도하였다. 그러나 요시다는 유리면을 넓게 하는 것만으로는 명랑성이 제고되지 않는다고 생각하였다. 요시다는 유리에 의지하지 않았다. 창호를 모두 벽 안쪽으로 들어가게 하여 문자 그대로 개방을 통해 내부와 외부의 일체화가 가능한 상대를 만드는 것이 궁극의 명랑성을 보여주는 형태라고 생각하였

그림 4 구 이노마타(猪股) 저택의 창호(요시다 이소야, 1967)

다.(그림 4) 이 창호를 포켓도어 형식으로 하여 벽으로 모두 수납할 수 있게 만드는 방식은 일본의 목수들이 그 기술을 통해 가능하도록 실현한 것이다.

이는 유리를 비롯하여 공업제품 제조에 있어서 후발주자라고 할 수 있던 당시의 일본은 그 나름의 방식으로 유니크한 해답을 찾은 것이라고도 간주할 수 있을 것이다.

요시다는 일본의 후진성을 역으로 활용하여 유리에 의존하였던 서구 모더니스트들의 훨씬 앞선 레벨에 난숙에 도달하였다. 에어컨과 대형 유리에 의존하여 밀폐되고 건강에 좋지 않은 내부공간을 지속적으로 양산해 왔던 모더니즘건축의 기술지상주의, 내부공간 중심주의를 전쟁 이전 시기의 요시다는 뛰어넘었던 것이다. 요시다의 동작계를 통한 움직이는 투명성이야말로 훨씬 혁신적이고 미래적이었다.

이 유니크한 아이디어는 도쿄예대의 학우들이었던 화가들의 집을 설계하는 과정에서 탄생하고 진화한 것이었다. 인상파 이후의 근대 화가들은 일본화가인지 서양화가인지에 관계없이 모두 자연광을 최대한 끌어들일 수 있는 아틀리에를 선호하였다. 코르뷔지에가 화가 친구였던 아메데 오장팡(Amédée Ozenfant)의 아틀리에(1924)를 설계하면서 유리 면적을 최대화할 수 있는 방식에 도전했던 것처럼 요시다는 코르뷔지에와 거의 비슷한 시기에 화가의 주택설계 프로젝트를 통해 벽 수납식 창호를 통한 거대한 개구부를 실현하였고 그 디테일을 진화시켜 갔다. 일본은 고온다습한 기후 때문에 창틀에 유리를 끼워 넣는 방식으로 만드는 유리창이 적용되지 않았다. 이러한 상황 속에서 요시다는 일광을 최대한 내부로 채광하여 최대한의 투명성을 확보하는 방식을 화가의 아틀리에라는 공간의 요구에 맞추어 설계하면서 습득할 수 있었던 것이다.

선(線)의 배제와 대벽조(大壁造)

요시다가 추구한 명랑성의 또 하나의 측면이 추상성이었다. 요시다 자신은 추상성이라는 용어를 사용한 적이 없다. 추상성이란 번잡한 장식을 배제하고 공업화에 적합한 단순한 표현을 추구한 20세기 모더니즘 최대의 목표였다. 그리고 후술하는 무라노 토고의 화풍건축(和風建築)과 비교해 보았을 때, 가장 큰 차이로서 내세울 수 있는 것은 무라노의 구상성(具象性)과 대비되는 요시다의 추상성이다. 무라노는 20세기라는 모더니즘의 시대를 살면서도 구상성을 피하지 않고 장식적 표현에 가담하여 묵묵히 자신의 길을 걸어갔다. 무라노는 「양식 위에 있나니」라는 문구를 남긴 것으로 알려져 있다. 양식건축의 근간을 형성하는 장식적 표현을 피하려고 하지 않고 그

양식적 표현을 자유롭게 구사하면서 「그 위」에 다른 차원의 건축적 표현을 획득하지 않으면 안 되기 때문에 「양식 위에 있나니」가 무슨 의미인지 이해할 수 있다.

원래 요시다는 철저한 모더니스트이다. 얼핏 「화풍(和風)」이라고 부를 수 있는 건축표현 속에서도 철저히 추상화를 추구하였다. 장식을 싫어했을 뿐만 아니라 선이 많은 것도 끔찍이 싫어하여 모든 선을 건축에서 배제해 갔다.

그 결과로서 등장한 것이 요시다의 트레이드마크라고 일컬어지는 대벽조이다.(그림 5) 요시다 이전의 일본 목조건축은 기본적으로 모두 신카베즈쿠리(眞壁造)였다. 목조건축은 기둥이라고 하는 구조체에 의해 지지된다. 그 구조체인 기둥을 보여주면서 기둥과 기둥 사이를 벽이나 창호로 막는 것이 쇼인즈쿠리(書院造)나 수키야즈쿠리(數奇屋造) 등 모든 일본건축에서 공통적으로 적용되는 대원칙인 것이다.

요시다는 역사상 처음으로 이 대원칙을 당당하게 부정한 것이다. 이 대발명을 통해 생겨난 것이 선이 적고 오로지 추상적인 면을 구성하면서 완성되는 단순한 공간이다. 이를 통해 종래의 화풍건축에는 없던 명랑성을 획득

그림 5 히가시야마(東山) 구 기시(岸) 저택의 대벽조(大壁造)

한 것이다. 이는 실로 명랑성이라는 단어에 어울리는 단순함과 밝음이 양립하는 공간이었다.

이 대벽(大壁)의 발명에 의해 요시다풍의 화풍(和風)은 단숨에 일본 전역으로 퍼져 나갔다. 그 영향의 크기는 요시다에 대한 잠재적인 비판자인 무라노도 인정했을 정도이다. 무라노는 이렇게 요시다를 평하였다. 「이것이야말로 건축에 있어서 신일본의 풍격을 드러내는 것으로 오랫동안 건축사에서 찬란한 한 페이지를 장식하게 될 것이라고 믿는다」(村野藤吾, 「요시다류에 대한 사견(吉田流私見)」『무라노 토고 저작집(村野藤吾著作集)』, 鹿島出版會)

무라노는 그 공적은 충분히 인정하면서도 요시다에 대

해 도쿄를 기반으로 하고 있어서 딱딱하다고 비판하고 반면 본인은 간사이(關西)의 영향으로 부드럽다고 스스로에 대하여 분석하였다. 여기에 건축에 있어서의 간토(關東) vs 간사이(關西)라고 하는 문제가 등장한다. 이는 타우트, 다케다 고이치(武田五一), 후지이 코지(藤井厚二) 등이 도쿄에 대하여 비판적인 평가를 할 때에도 통하는 테마로, 일본건축을 말하고자 할 때 피하고 넘어갈 수 없는 중대한 테마인 것이다. 그리고 물론, 그 배후에는 구축성 vs 환경성이라고 하는 건축사의 근본적인 테마가 도사리고 있다.

무라노의 유럽 체험과 반도쿄(反東京)

종래의 일본건축론 속에서는 이 테마도 간과하였다. 거론되었다 하더라도 단순히 취미에 대한 가벼운 에피소드 정도로만 취급되었다. 한편 무라노는 「가케앙동(掛行燈)[1]」을 도쿄의 기술자들에게 제작하도록 시켰던 경험을 바탕으로 위트 넘치면서도 깊은 동서론을 전개하였다.

---

1) 집의 입구나 상점의 입구, 건물 기둥, 복도 등에 걸어 놓고 가로를 밝히는 등불

최근에 도쿄 어떤 건물에「가케앙동」을 설치하려고 스케치를 그려서 건네주고 제작하도록 하였는데 만들어진 결과물을 보고 깜짝 놀랐다. 놀랐다기보다는 그 완성도에 감탄한 것이다. 섬세하기가 칼날과 같아서 베이는 게 아닐까 싶을 정도로 모서리나 등살(棧)이 깔끔하고, 자로 그은 듯이 정확도 높은 것이 완성되었다. (중략) 소가구에 대한 것인데, 도쿄와 간사이는 자주 언급되는 것처럼 수법이나 감각이 다르다. 미각만큼 차이가 나지는 않지만 도쿄 쪽은 딱딱하지만 잘 다듬은 아름다움이 있어서 어쩐지 찍어 먹는 느낌이 없지 않다. 그런데 간사이 쪽은 광택을 줄이고 가벼운 느낌이 든다. (중략) 물론 둘 다 단단한 목재를 사용하지만, 왠지 도쿄는 단단한 목재의 느낌이 있고 간사이는 무른 삼나무여도 괜찮을 것 같은 느낌이라서 (중략) 도쿄에서 일을 해 본 바로는 도쿄의 기술자는 소가구의 수법이 마감수법에서 잘 드러나고 기술자의 의식도 그러한 느낌이라서 그러한 영향이 있는 것은 아닐까? 단단한 목재를 다루는 기술자와 같은 느낌이 들어서 부드러운 부분이나 살짝 부족한 부분도 없는 것이 먼저 눈에 들어온다고 생각된다.

(앞의 글)

무라노는 가볍게 논하는 것 같은 자세를 취하면서도 분명히 스스로 화풍건축의 본질을 해설하고, 요시다와 무라노의 차이를 정리하였다. 내 흥미를 끈 것은 무라노는 왜, 어떠한 경위를 거쳐 이렇게 반도쿄적 시점을 갖게 되었는가에 대한 것이었다.

이를 탐구하는 실마리는 요시다와 무라노가 각자 유럽을 여행하면서 유럽을 조우한 후 반응 속에 있다. 요시다는 1925년 유럽을 방문하여 유럽의 고건축에 압도되어 앞에서 언급한 것처럼 혈통주의적 감상을 드러내고 일본에 돌아오겠다고 선언했다. 한편 무라노는 근무하던 오사카의 와타나베 세츠(渡邊節) 사무소를 퇴직한 후 1930년에 유럽을 여행하였다. 본인의 성격이나 자질에 있어서 대조적인 측면이 있음은 어쩔 수 없지만, 이 여행에 5년의 간극이 있었다는 점도 크게 작용했음에 틀림없다. 이 5년간은 모더니즘이라고 하는 건축디자인의 혁명이 극에 달했던 5년이었다. 요시다가 「혁명」 전의 유럽을 방문했던 데 반해 무라노는 이 「혁명」의 산물과 「혁명 전야」의 건축물 양쪽을 보는 기회를 가질 수 있었다.

무라노가 여행 전에 가장 흥미를 가진 것은 「혁명」의 최전방이라고도 할 수 있는 러시아 아방가르드 건축군이었다. 무라노의 우아하면서도 차분한 작풍을 보면, 그리고 일본 최상층에 속하는 부유한 클라이언트들은 전혀 상상도 못했겠지만, 무라노 생애에 있어서 최고의 애독서는 마르크스의 『자본론』으로, 무라노는 생애 동안 민중을 위한 건축이란 무엇인가에 대해서 끊임없이 고민했던 인간이었다.

혁명의 좌절, 북유럽건축의 발견

이 민중의 건축을 찾아 나선 무라노의 여행은 우선 시베리아철도로 모스크바를 방문하면서 시작되었다. 혁명의 타워라고도 불리는 제3인터내셔널기념탑을 설계한 블라디미르 타틀린(Vladimir Tatlin)과도 만나는 등 무라노는 「혁명」을 열심히 찾아다녔다. 그러나 여기서 무라노는 커다란 실망을 하게 되었다. 여행기에 「혁명은 인간을 행복하게 하지 않는다」라고 분명이 기록하였다.(무라노의 모스크바 방문에 대하여, 松隈洋의 「무라노 토고의 휴머니즘 건축사상(村野藤吾のヒューマニズム建築思想)」을 참고하였다.)

역으로 무라노를 감동시킨 것은 「혁명」 전야에 건설된

그림 6 스톡홀름 시청(1923)

북유럽의 건축, 스톡홀름의 시청 청사(1923, 그림 6)이었다. 그 시대의 북유럽건축군은 어떤 의미에서 건축사에서 망각된 존재였다. 양식적인 장식의 잔존이 넘쳐나고 벽돌을 비롯한 로컬소재로 건립된 절충적이면서 어중간한 건축이라면서 당시의 모더니스트들은 북유럽건축을 무시하였다. 그러나 무라노는 정반대의 평가를 내린다.

유럽의 건축계는 쓸쓸하게 여겨졌다. 단, 북유럽의 나라들은 대지와 맞닿아 있는 듯하다. 예를 들어 스톡홀름

시청사 또는 음악당, 도서관 그리고 핀란드에서 사리넨 작품의 건축들이 독립된 건축으로서 비슷한 수준으로 소개되지 못하는 것이 안타깝게 여겨졌다.

(村野藤吾,「움직이면서 보다(動きつつ見る)」, 앞의 책『무라노 토고 저작집(村野藤吾著作集)』)

이 여행으로부터 돌아와서 무라노는 자신의 사무소를 개설하였는데, 전쟁 이전엔 무라노는 일의 의뢰가 적어서 작품이 많지 않았다. 한쪽에서는 모더니즘「혁명」에 대한 열광이 있었고, 또 다른 쪽에서는「화(和)의 대가」라고 불리는 요시다 이소야의 과감한 행보가 있어서 전쟁 이전 무라노는 설 자리가 없었던 것처럼 보이기도 한다.

이 곤란한 상황으로부터 무라노를 구해낸 것은 일본과의 조우, 보다 구체적으로 말하자면 수키야건축과의 만남이었다. 무라노의 마음을 강하게 뒤흔든 스톡홀름의 시청사는 스웨덴의 민중이라는「절충」상대를 만나서「대지에 맞닿은 듯한」풍부함을 획득하였고「민중의 건축」으로 거듭날 수 있었다. 무라노도 또한「절충」의 상대로서 수키야건축을 발견하였고 일본에 있어서의「민중」의 건축을 찾아가는 여정에 나서게 되었다. 요시다가 수

키야를 일본이라고 하는 장소에서 모더니즘을 추구하기
위한 도구로서 발견하였던 것에 반해, 무라노는 수키야
에서「민중」을 발견한 것이다.

「서쪽」의 수키야

이 발견에서 하나의 계기가 되었던 것은 무라노가 임
대했던 집의 집주인이었고, 후에 무라노에게 사무소 자
리를 양도한, 오사카의 재력가이면서 풍류인으로 알려져
있었던 이즈오카 소스케(泉岡宗助)였다. 무라노는 일이 거
의 없었던 전쟁 중에 다도를 배우기 시작하였다.

이 허탈함이나 쓸쓸함을 치유하기 위해 다도를 배우면
조금이라도 위안이 되지 않을까 하여 시작하기로 하였
다. 50세 넘어서 만난 취미이다. 배우는 것에서 우선 스
승을 누구로 할지가 고민되었다. 그래서 이즈오카(泉岡)
씨에게 상담해 보니 미요시(三好) 씨에게 물어보라고 하
였다. 미요시 씨라는 사람은 소목장으로 차 도구의 명인
으로 알려져 있으며 유명한 다도인이기도 하였다.

(村野藤吾, 「화풍건축에 대하여(和風建築について)」, 앞의 글『무라
노 토고 저작집(村野藤吾著作集)』)

이 이즈오카가 무라노에게 화풍건축을 설계할 때의 마
음가짐에 대하여 전수하였다고 무라노는 기록하였다.

자신만의 도를 모색하는 실마리와 같은 것을 가르쳐
준 것은 이즈오카 상이 아니었을까 생각한다. 다음에서
이즈오카 어록의 내용 일부를 소개해 보자.

1. 현관을 크게 하지 말 것. 문짝을 설치하지 말 것.

1. 밖에서 보면 조금 낮게, 안에서는 어느 정도 넓고 높
게 할 것.

1. 천정의 높이는 7척5촌을 한계로 할 것, 그 이상은 요
리점이나 공명을 떨친 인물의 표현방법에 해당하므
로 일반적이지는 않음.

1. 기둥의 두께는 3촌 각형이며, 그 이상이 되면 면을
깎아서 가감을 하거나 장방형으로 할 것.

1. 창의 높이는 2척4촌, 후로사키(風爐先) 병풍의 높이
가 표준.

1. 툇마루의 기둥은 1간마다 세워서 폭을 너무 넓게 하

지 말 것. 이것으로 충분히 일본풍이 될 것이다.

1. 사람 눈에 띄지 않는 부분, 사람들이 신경 쓰지 않는 부분일수록 돈을 들여 철저히 시공할 것.

1. 솜씨가 좋다는 것을 보여주려고 하지 말 것. 기술을 자제할 것.

(앞의 글)

여기에서 무라노는 이즈오카의 입을 빌려서 요시다 이소야을 비판하였다. 덧붙여 말하자면 도쿄를 비판하고 있다. 이 비판의 요점을 한마디로 말하자면 간토는 품격이 낮고 간사이는 품격이 높다고 하는 것이다.

간사이의 자그마함, 간토의 커다람

건축만큼 품격이 좋고 나쁨이라고 하는 평가기준이 빈번하게 활용되는 세계는 없을지도 모른다. 오래된 부자인 「기득권을 가진 부유층」이 새로운 부자인 「졸부」에게 무시하는 형용사로 가장 많이 사용되는 말이 「품격이 낮다」이기 때문이다. 그리고 오래된 부유층은 굳이 건축을 새로 지을 필요가 없지만 새로운 부자는 손에 얻은 재력을 쉽고 빠르게 과시하기 위한 수단으로 건축이나 떠들썩한 미디어를 활용하였다. 즉 건축가로서는 자학적인 표현이기는 하지만 건축이란 본질적으로 「졸부」의 산물이라고 할 수밖에 없다. 공공건축, 민간건축을 막론하고 이 원칙은 맞아떨어진다. 공공분야에도 오래된 부자와 새로운 부자가 있기 때문이다.

그리고 서쪽부터 개화하기 시작한 일본이라는 국가에서는 역사적으로 보아 서쪽은 오래된 부유층, 동쪽은 새로운 부유층이었다. 서쪽에서는 전통적으로 「품격이 낮다」라고 하는 표현을 사용하여 동쪽을 지속적으로 비판하였다. 무라노와 이즈오카에 의한 동쪽 비판도 그 상투적 수법의 하나일 뿐이라고 하는 것도 가능하다. 무라노와 이즈오카는 한마디로 말하면 서쪽 건축의 「자그마함」에 대하여 동쪽 건축은 커다랗다고 비판하고 있는 것이다.

이는 단순히 졸부가 커다란 건축을 짓고 싶어한다는 단순한 현상을 가리키고 있는 것이 아니고, 과거부터 지속적으로 개발되어 토지가 부족한 서쪽에서는 자그마한 부지 속에 여러 방식으로 자그맣고 자세히 계획되는 건물을 지을 수밖에 없는 사실과도 관계가 있다.

이러한 역사적 사실을 중첩한 결과로서 여전히 오늘날에도 동쪽과 서쪽은 화풍건축에서 미묘한 차이가 존재한다. 예를 들어 복도에 목제 엔코이타(緣甲板)[2]를 깔고자 할 때 동쪽에서는 엔코이타를 긴 방향으로 이어 붙여서 길이를 강조하고자 한 것에 반하여 서쪽에서는 짧은 방향으로 이어 붙여서 길이와 크기의 표현은 삼가고 공간의 섬세함과 휴먼스케일을 중요시했던 것이다.

무라노는 이즈오카의 입을 빌려서 동측의 「커다란 건축」을 비판하였고, 아름다움과 기능성이라고 하는 비트루비우스 이후 서구건축의 전통적 가치기준 상위에 품격이 높거나 낮다는 또 하나의 평가기준을 제시하고 있는 것이라고 할 수 있다. 새로운 부자들의 산물이라고밖에 할 수 없는 건축의 영역에서 품격이라고 하는 가치기준은 세계 어디에서도 도출될 수 있는 보편적인 것일지도 모르지만, 동과 서라고 하는 신구 세력의 대립이 장기적으로 고착화되고 지속되고 있었던 일본이라고 하는 장소에서는 훨씬 더 첨예화하고 세련되었다. 그리고 품격의

---

2) 일본의 전통건축에서 복도나 벽을 구성할 때 사용하는 판재의 일종이다. 이 판재 측면에 홈과 돌기가 있어서 이어지는 판재가 서로 맞추어지도록 구성되어 있다.

낮음을 둘러싼 동서의 고집이 일본의 건축문화를 진화시켜 온 것이다.

이 품격에 대한 간토 비판에 대하여 간토가 제시한 대항적 새 기준이 「이키(粹)」였다고 나는 생각한다. 이키는 에도(江戶)시대 화류계에서 생겨난 미의식이다. 원래 건축 등과 같은 영속적 자산은 무의미하고 무가치하며, 「하루 벌어 하루 살면 그뿐」이라고 하는 반건축적 허무주의가 그 바탕에 있다. 간토는 건축 허무주의로 간사이의 「품격 있는 건축」에 대항했던 것이다.

대지의 발견

무라노는 자신의 스타일을 원점으로 하여 이즈오카와의 교류나 다도의 섭렵 이외에도 또 한 가지 특별한 체험에 대하여 기술하였다.

그리고 전화(戰禍)는 퍼져만 가서 날마다 대폭격이나 대파괴가 반복되고 있었다. 이즈음 피난을 떠나 시골로 가는 경우가 많았다. 오랜 전란으로 정비할 여력이 없었는지, 지붕은 기울고 흙벽은 허물어지고 무너져서 흙으로 돌아가고 있는 듯한 농가의 모습이 대량파괴의 도시와는 너무나도 대조적인 모습이라 이도 또한 더욱 더 내 마음을 사로잡았다. (중략) 무너져서 대지에 떨어진 흙벽은 저항하지 않았으며, 이는 마치 평화롭게 천명을 다한 인간의 일생과도 비슷하다고 생각하였다. 대지로부터 태어난 것이 대지로 돌아가는 것으로 이 모습은 전후 내 작풍에 큰 영향을 주었다고 생각한다.

(앞의 글)

이 무너진 토벽에 대한 문장은 무라노 특유의 벽과 대지를 융합시켜서 독특하게 표현했던 사례들—예를 들면 가톨릭 다카라즈카(寶塚)교회(1965), 신타카나와(新高輪) 프린스호텔(1982, 그림 7)—을 상기시킨다. 게다가 이 기술은 건축의 부분적 표현을 넘어서 무라노 건축의 본질을 여실히 보여주고 있다고 나는 느낀다. 이 본질이란 건축의 「약함」에 대한 지향성인 것이다.

일반적으로 또 상식적으로, 건축에서 필요하다고 여겨지는 것은 「약함」이 아니라 「강함」이다. 세계 최초의 건축서라고 불리우는 비트루비우스의 『건축십서』에서도

그림 7 신타카나와(新高輪) 프린스호텔(무라노 토고, 1982)

건축이 갖추어야 하는 세 가지 조건으로 「용도, 강함, 미」를 들고 있으며, 과거로부터 강한 것은 일관적으로 건축 디자인의 가장 중요한 과제라고 여겨져 왔다. 그러나 무라노는 역으로 전란에 의해 파괴되는 건축의 「약함」에서 미를 발견한 것이다. 「약함」이야말로 「민중」의 건축을 이루기 위한 계기가 될 수 있음을 발견한 것이다.

약함의 발견과 파편 위에 피는 꽃

「약함」의 발견은 결코 무라노의 독창적인 산물이라고 할 수는 없다. 센노 리큐(千利休)에 의해서 완성되었다고 여겨지는 수키야의 미학도 「약함」의 미를 분명히 지향하고 있다. 게다가 그 뿌리를 찾아가면 기타야마(北山)문화로부터 히가시야마(東山)문화로 전환했던 것이 「강함」에서 「약함」으로 전환되었음을 상징하는 대사건이었다.

남북조의 통일을 이루고 무로마치(室町)시대 초기, 3대 쇼군(將軍) 아시카가 요시미츠(足利義滿)는 금각사로 대표되는 기타야마문화를 개화시켰고, 시대의 기세를 「강한」 건축을 활용하여 표현하였다. 한편 그로부터 겨우 1세기 후, 8대 쇼군 아시카가 요시마사(足利義政)는 거의 자신의 책임으로 일어난 내란인 오닌(應仁)의 난으로 인한 전화를 피하기 위하여 교토 북서쪽 끝단에 위치한 히가시야마 지역으로 거처를 옮기고 거기에 은각사를 건립하였다. 금각사의 「강함」에 대하여 은각사의 주제는 「약함」이었다. 그리고 은각사 옆에 요시마사가 자신의 거처로서 건립한 도큐도(東求堂, 1486)는 일본 최초의 쇼인(書院)이라고 불린다. 이 5×3칸의 작은 건물을 다시 4분하여 구획해 만든 다타미 4.5조의 서재, 도진사이(同仁齋)는 일본 최초의 초암 다실(草庵茶室)이라고 불린다. 도큐도는 간소함과 세련됨의 극치를 보여주며 철저히 「작음」에 대하여 탐구한 결과물이다.

불과 100년도 지나지 않은 시간에 「강함」의 금각사—기타야마문화에서 「약함」과 「작음」의 은각사—히가시야마문화로의 대전환이 이루어졌다. 이 히가시야마문화라고 하는 「약함」을 기초로 하여 문화가 탄생하고 이후 커다랗게 키워 나갔다.

게다가 오닌의 난으로부터 이어진 전란에 의해 많은 예술가들이나 지식인들이 지방의 영주들인 다이묘(大名)에게 몸을 의탁하였다. 이를 통해 교토 중심의 구심적 구조를 가진 일본문화가 지방으로 확산되어 갔다. 이후로 이어지는 에도시대의 번(藩)을 단위로 하는 분산형 문화구조도 이 전란과 혼란에 기인하는 「강함」에서 「약함」으로의 전환을 동시에 싹 틔우게 하였던 것이다.

이 전환에는 단순히 위정자의 취미에만 머무르지 않는 깊이가 있었다. 히가시야마문화로의 전환에서 알 수 있듯이 일본의 문화는 전란이나 천재지변과 같은 대재해와 깊이 연결되어 있다. 대재앙, 즉 자연이나 전쟁과 같은 항거불능의 강력한 것에 「지는」 경험을 통해 「패배」에서 미를 도출하는 「약함」의 문화가 생겨난 것이다. 커다란 비극의 경험에서 이 문화가 전개하였고, 새로운 꽃을 피워냈다. 실로 일본문화는 파편 위에서 피는 꽃이었던 것이다.

건축으로 화제를 되돌리면, 도잔(東山)문화의 「약함」은 위정자들과 예술가들의 미학으로 결정체를 꽃피웠을 뿐 아니라 서민의 건축재료에 대한 기호에도 커다란 영향의 그림자를 드리웠다. 삼나무라고 하는 「약한」 목재는 그 부드러움과 따뜻함에 끌려 무로마치시대부터 건축에서 널리 사용되기 시작하였다. 일본건축 속에는 「약함」을 지향하는, 세계적으로 보면 매우 예외적인 미학이 내재되어 있고 성장되어 왔다. 「약함」은 물질과 재료라는 측면에서도 추구의 대상이었다.

무라노도 「혁명」의 꿈이 부서진 전쟁의 상흔 속에서 「약한 물질」을 발견했다. 콘크리트와 철골이 주재료를 이루고 있어서 「약함」의 대척점에 있다고 할 수 있는 20세기 건축 속으로 「약함」을 적용시켜 보고자 하는 시도가 여기에서 시작된 것이다.

두 종류의 수키야

이「약함」에 대한 의식에 있어서 무라노와 요시다는 좋은 대조를 보여준다. 전통건축 속에서 수키야에서 커다란 가능성을 도출하였다는 점은 요시다나 무라노의 공통점이다.

나는 우선 수키야건축의 근대화부터 착수해 보고자 생각하고 있습니다. 이렇게 보는 이유는 종래의 일본건축 중에서는 수키야가 가장 근대화되어 있고 현대생활을 적용하여 변환하기 쉽다고 생각하기 때문입니다.

(앞의 글「수키야 십화(數奇屋十話)」)

요시다 「가쓰라리큐는」 바닥이 저렇게나 높잖아요. 그럼에도 불구하고 처마 깊이는 비교적 작은 편이에요. 이는 왜 그런 걸까요? 비례로 보자면 조금 더 처마가 나오는 편이, 형태로 봐도 그게 좋다고 생각해요.

기시다　바닥의 높이는 홍수에도 …… 라고 했었어요.

호리구치　거긴 홑처마라 처마를 더 낼 수가 없어.

(岸田日出刀, 吉田五十八, 堀口捨己, 谷口吉郎「좌담회 일본건축(座

그림 8 가쓰라리큐, 고서원의 볼록지붕

談會 日本建築)」, 앞의 책『요설초(饒舌抄)』)

위의 요시다의 글에서도 명확이 드러나는 것처럼 동일하게 수키야라고 하는 단어를 사용하면서, 요시다와 무라노의 수키야를 보는 관점에는 명확한 차이가 존재한다. 무라노에게 있어 수키야란 「약함」이며, 「약함」이 가져온 아름다움이었다. 무라노는 「약함」을 찾아서 수키야를 만나게 된 것이다.

한편, 요시다에게 「가난함」에 대한 지향은 받아들여지지 않았다. 오히려 역으로 요시다는 「커다람」을 지향하는 건축가였다. 요시다는 가쓰라리큐가 아무래도 마음에 안 들었던 듯하다. 수키야의 도달점이라고 여겨지는 이 명건축에 대해서 처마가 작은 빈약한 건축이라고 당

그림 9 가스이엔(佳水園, 무라노 토고, 1959)

당하게 비판하였다.

가쓰라리큐는 처마 깊이가 작을 뿐만 아니라, 고서원 (古書院)의 지붕을 볼록한 형태로 하여 (그림 8) 지향하는 바가 지붕을 작게 보이도록 하는 것이라는 것을 확인할 수 있다. 가쓰라리큐가 볼록지붕[3]의 시초라고 보는 설도 있지만, 역으로 지붕을 크게 보이도록 하는 오목한 형태가 중국은 물론이고 세계적으로 보아도 건축을 크게 보이게

---

3) 고건축에서 지붕은 대체로 오목한 형태의 단면을 보인다. 이는 중국과 한국에서도 마찬가지이다. 그러나 일본에서는 에도시대 이후로 무쿠리(むくり)지붕이라고 불리는 볼록한 형태의 단면을 가진 건축도 상당수 확인된다.

하려는 목적으로 채용되는 경우가 많은 것에 비해서, 가쓰라리큐의 볼록지붕은 전 세계의 지붕들 중에서도 진귀하다. 무라노는 이 디테일도 좋아하여 처마부에 미노코(蓑甲)라고 하는 덧붙임지붕을 설치하여 지붕은 더 작고 부드럽게 보이도록 하였고 이 기술을 반복적으로 활용하여 건축을 디자인하였다.(그림 9)

지붕 하나를 보아도 그 사소한 곡선에 이렇게나 중요한 의미가 담겨 있다. 이러한 감성으로 가득한 일본이라는 장소에서, 이 볼록지붕의 경험은 간혹 황실 관계의 건축물에 활용되었다. 에도막부에 의해 건설된 니죠죠(二條城)에서는 황족이 사용하는 건물인 혼마루고덴(本丸御殿)에서만 유일하게 볼록지붕을 채택하였다. 무사들의 정서로는 지붕을 오목하게 하여 크게 보이게 하고, 황실적인 것은 지붕을 볼록하게 하여 소박하게 보이도록 하는 암묵의 법칙이 존재했다.

또한 요시다는 가쓰라리큐의 기둥이 얇은 것도 마음에 들지 않았다. 가쓰라리큐에 국한되지 않고, 쇼인(書院)을 포함하여 일본의 전통건축은 기둥이 너무 얇아서 빈약하다고 요시다는 느끼고 있었다.

대체로 쇼인 같은 것을 보아도 얇아요. 옛 쇼인의 기둥을 조사해 보면 대략 기둥의 길이는 두께의 20배 정도네요. 이 숫자가 과거의 기와리(木割)[4]인 듯합니다만, 지금은 더 두꺼워졌어요. (중략)「가쓰라리큐의 재료는」심각하네요. 비가 새거나 해서 도중에 교체했을지도 모르지만, 저것이 최초의 모습이었다고 한다면 조악하네요. 가쓰라리큐의 새로운 쇼인도 심각하네요. 지금은 나뭇결이 꽤나 돋보여서 볼 만하게 되긴 했지만요. (중략) 시간이 지나 세월의 흔적이 더해져 고색을 띠는 어두운 색감이 되었기 때문에 봐줄 만하지만, 완성되었던 당시에는 못 볼 수준이었을 것이라고 생각하네요. 지금 가쓰라리큐를 저대로의 재료를 그래도 사용하여 지었다고 한다면 싸구려같아 보일 것이라고 생각합니다. 천정의 판자를 보아도 하얀 변재가 섞여 있지 않나요? (중략) 이런 의미에서 보면 무로마치시대 무렵에 지어진 다실도 조악해요.

(吉田五十八, 淸水一,「대담(對談) 나무라는 것, 목조건축이라는 것

(木のこと 木造建築のこと)」, 앞의 책『요설초(饒舌抄)』)

---

4) 기와리(木割)란 일본 전통건축에서 입면 및 평면 등의 부재치수를 결정하는 설계기법을 의미한다. 치수는 대체로 비례를 통해 결정되는 경우가 많고, 일반적으로 지역과 가문에 따라 목수들의 기와리가 달라지므로, 목수들의 치수를 결정하는 고유한 설계방법을 의미한다고 할 수 있다.

목재 부족과 얇은 기둥

우습게도 가쓰라리큐는 쇼와(昭和)의 대수리(1976-1982) 때에 해체 수리를 진행하면서 창건 당시부터 옻칠을 사용하여 목재에 고색(古色)을 칠하였던 것이 확인되었다. 요시다가 생각했던 것처럼 「시간이 지나 세월의 흔적이 더해져 어두운 색감이 되어 볼 만하게 되었다」는 것은 아니었다. 처음부터 좋은 질이 아닌 재료에 옻칠로 고색을 띠게 하여 「볼 만하게」되어 있었던 것이다. 이 요시다의 코멘트를 보면 왜 전후 요시다의 화풍건축에 콘크리트로 만든 두껍고 강건한 기둥이 등장하였는지 납득할 수 있다.

요시다의 경우, 목조는 얇은 기둥에서 두꺼운 기둥으로 진화한다고 하는 형태에 있어서의 목조진화론을 내세웠다. 얇은 기둥에서 두껍고 대단한 기둥으로의 변화를 요시다는 목조건축의 기술적 변천과 관련 지어 이론적으로 설명하였다.

한 그루의 나무 단면부에서 그 중심 부분을 심(芯)이라고 부르고, 심을 포함한 형태로 제재한 제재목을 심재라고 한다. 심재는 일반적으로 강도가 높고 잘 썩지 않는 재료로 여겨지고 있다. 한편 심을 벗어나서 제재하여 만들어지는 재목을 변재라고 한다. 요시다는 전동톱을 사용하지 않던 시대에는 변재를 제재하는 것이 기술상의 이유로 쉽지 않았으므로 기둥은 대부분 심재를 사용하였고, 이 기술적 제약과 기둥의 두께가 관계가 있다고 생각하였다. 「얇은 기둥인 만큼 역시 심재가 아니면 버티기 어려웠던 것은 아니었을까 싶네요」(앞의 글).

가쓰라리큐의 얇은 기둥에는 제재기술의 문제와 함께 일본 내 목재 부족이라고 하는 상황도 깊이 관련되어 있다. 험준한 지형의 좁은 국토를 가진 자연조건 때문에 일본은 가마쿠라(鎌倉)시대부터 목재 부족이라는 문제를 안고 있었다. 도다이지(東大寺)가 재건할 때마다 규모를 축소시킬 수밖에 없었던 최대 이유는 목재 부족 때문이었을 것이라고 추정하고 있다. 거목을 베고 나면 당연히 새롭게 식재하는 것에 의존할 수밖에 없으므로 수령 60년 정도의 얇은 목재를 이용하는 것이 일반적이었다. 남도(南都)의 사찰들을 모두 불태웠던 사건 이후에 이루어진 가마쿠라시대 도다이지의 재건은 얇은 나무를 뭉쳐서 다발로 만들어 기둥으로 사용하는 등 현대의 집성재를 만드는 것과 같은 기술에 의존할 수밖에 없었을 정도였다.

얇은 나무의 심재를 기둥으로 사용한다고 하는 일본

특유의 목조문화는 일본의 자연조건에 빈번하게 일어나는 지진과 화재라는 조건이 더해진 것이다. 나무 부속은 국가의 경제와 문화를 규정하는 대전제가 되었던 것이다. 무로마치 이후의 수키야의 미학, 그리고 약함의 미학으로의 지향성도 이 일본적인 자연조건의 산물이었다고도 할 수 있는 것이다. 환언하자면 전란과 자연재해, 그리고 험준한 국토를 포함하는 모든 「약함」이 서로 중층적으로 작용하여 일본건축의 「약함」이 생겨나게 되었던 것이다.

요시다는 이 얇음의 문화에 반기를 들었다고 할 수 있다. 그 점에서 요시다는 「화(和)의 대가」임에도 불구하고 비일본적 건축가였다. 얇은 심재 기둥은 공조시설을 가동하면 점점 틈이 생길 수 있기 때문에 화풍건축은 굳이 목조를 고집하지 않아도 된다고까지 생각하였다. 요시다는 목재를 접착제로 적층(積層)하여 강도를 높이는 집성재 표면에 종이와 같은 「네리즈케(練り付け)」라 불리는 얇은 목제시트를 붙이는 기법을 부정하지 않았다. 부정하지 않았다기보다는 나무의 아름다운 결을 보여주기 위한 수단이라고 한다면 「네리즈케」가 최선이라고도 생각했다. 이는 어떤 의미에서는 영화나 연극의 가설세트와

150

도 같은 목조건축이다. 「목조건축이 살아남는 길의 하나로 그러한 세트 같은 것이 있을 수 있지 않을까요?」(앞의 글)라고 「화의 거장」이 단언하고 말았던 것이다.

요시다가 보여주는 새로운 방향성은 전후 본격화되는 일본 공업화와의 상성(相性)도 발군이었다. 콘크리트나 철로 이루어진 거대 건축 속에 요시다의 「네리즈케건축」, 또는 「세트건축」은 어떠한 부조화도 없이 딱 들어맞았다.

그리고 「얇은 미학」에 대하여 「두꺼운 미학」은 전후 건축업 전체의 기술적 방향성과도 일치하였다. 공업화란 한마디로 말하면 수작업의 최소화이다. 공업화의 초기 단계에서는 노동자의 인건비, 즉 수공료가 쌌다. 그러나 공업화의 진전은 임금 상승을 불러왔고, 다소 재료비 상승도 있었다고는 하지만 인건비 삭감을 지상과제로 하는 공업화시스템으로 변화해 갔다. 예를 들어 얇은 철골을 복잡하게 짜서 만든 구조체는 재료비는 싸지만 접합하는 데 여러 가지 수작업이 필요하다. 한편 동일한 내진 성능을 가지고 있더라도 두꺼운 철골을 사용하여 단순한 구조체는 재료비가 높더라도 수작업이 감소하기 때문에 성숙한 공업화시대에는 종합적으로 건축비가 낮아진다. 초기의 철골조 공장은 얇은 선재를 잘 조합하여 건설하였기 때문에 매우 섬세하고 투명하게 보이는 것은 그러한 까닭이다.

철골조가 아니더라도 공업의 모든 분야에서 이러한 수작업을 최소화하는 원리가 작용하여 임금 상승과 함께 「섬세한 공업」이 「큼직한 공업」으로 전환해 갔다. 요시다가 추진했던 「두꺼운 미학」과 「두꺼운 화풍」은 그러한 점에서도 전쟁 이전 일본의 공업화 진행이라는 흐름을 정확히 예측하였고, 「큼직한 공업」과 어울려서 함께 달려갈 수 있었다고 할 수 있다. 요시다는 전후라고 하는 특수한 상황하에서의 「화의 거장」이었다. 좁은 국토로 둘러싸인 채 재료 문제로 약함과 자그마함을 향해 진화를 계속하던 일본 목조의 역사 속에서 일종의 이단아였다고 나는 느낀다. 요시다가 이단아였던 것은 물론이고, 그가 살았던 시대도 일본 역사 속에서 이형(異形)이었다고 할 것이다.

가부키자를 둘러싼 싸움

전후 일본과 요시다가 나란히 달려갔던 것을 상징하는

것이 요시다가 설계했던 제4기 가부키자이다.(그림 10) 요
시다의 스승이었던 오카다 신이치로의 제3기 가부키자
입면(그림 11)을 답습하면서 인테리어에서는 요시다의 과
감한 개조와 변화가 적용되었다.(그림 12) 오카다가 디자
인했던 얇은 목재를 짜 맞추어 구성한 섬세한 격자천정
(그림 13)을 네리즈케 방식의 대들보에 의한 경사천정으로
변경한 것이다. 무대에서 관객석까지 한 번에 상승해 가
는 이 경사대들보는 무대로 관객의 시선을 집중시키고,
또 그때까지 수평성이 지배적이었던 에도시대 이후의 가
부키 공간에 다이내믹한 수직성과 전망을 도입한 것이
다. 요시다는 전후라고 하는 시대가 추구하는 스펙터클
을 제대로 이해하고 훌륭히 건축으로 번역한 것이었다.

우리가 관여했던 제5기 가부키자의 파사드도 기본적
으로는 요시다가 설계했던 제4기 가부키자를 답습하고
자 하였다. 우리의 도면을 본 요시다의 제자 이마자토 타
카시(今里隆) 선생님으로부터 한 가지 주의를 들었다. 요
시다의 가부키자는 콘크리트제 대형 기둥을 출입구 안쪽
과 바깥쪽에 잘 보이도록 설치하여 화풍건축다운 기둥과
벽으로 반복적인 리듬을 구성하였다. 원주의 중심과 벽
의 중심을 일치시키는 통상적인 방식으로 기둥을 설치하

그림 10 제4기 가부키자(요시다 이소야, 1950)

그림 12 제4기 가부키자의 경사천정

그림 11 제3기 가부키자(오카다 신이치로, 1924)

그림 13 제3기 가부키자의 격자천정

는 우리의 디테일은 요시다 방식에서는 있을 수 없다는 것이다. 분명 요시다의 가부키자를 세심히 검토해 보면 기둥의 중심과 벽의 외부면이 동일선상에 정렬되어 있어서 기둥이 벽으로부터 튀어나와 있는 것처럼 보이도록 기둥을 강조한 특수한 방식이 적용되었다. 우리의 방식으로 하면 입구의 안쪽이건 바깥쪽이건 벽 두께만큼 원주가 벽 안으로 묻히게 되어 원주를 강조하기가 어렵다.

제4기의 파사드는 기본적으로 전란으로 파괴된 제3기의 파사드를 보수하여 재이용하는 것이었으므로 이 원주를 돌출시키는 방식의 설계는 오카다 신이치로의 아이디어였음에 틀림이 없다. 오카다는 오사카 시 중앙공회당(1918), 메이지생명관(1934, 그림 14) 등의 서양풍 양식건축의 명작을 설계한 것으로 알려진 인물로, 기둥의 수직성을 강조하면서 강력한 모뉴먼트를 만드는 파르테논 이후의 서구 고전주의건축의 수법을 제대로 숙지하고 있었다. 그러한 관점에서 보면 제3기의 가부키자는 원주의 배치방법을 보아도 그렇고, 양옆에 볼륨감 있는 소재를 돌출시켜서 중심을 강조하는 방법도 그렇고, 건축의 상징성을 높이는 방식으로 진화하여 온 서구의 건축방법을 가부키자라고 하는 일본적 프로그램에 접목시킨 것이라

그림 14 메이지생명관(오카다 신이치로, 1934)

고 할 수 있게 된다. 이 오카다의 방법, 즉 건축을 「강력하게」 하는 서구적 방법을 요시다는 훌륭히 계승, 발전시켰다. 위를 향해 달려가는 전후 경제성장시대에 걸맞은 형태로, 요시다는 이 서구성을 갈고 닦았던 것이다.

요시다의 제4기 가부키자를 계승한 우리는 몇 가지의 작은 변경과 몇 가지의 작은 비판을 시도하였다. 그 하나는 처마를 깊게 빼는 것이다. 오카다나 요시다는 기둥이나 볼륨의 분절을 통해 수직성을 창출하는 것에 흥미가 있었다. 그러나 처마라고 하는 수평적 건축요소에 그들은 관심을 보이지 않았다. 전후 일본은 그렇게 위를 향하여 달려가는 시대였다. 역으로 우리의 제5기는 처마를 구조적 한계까지 깊게 내미는 작업을 통해 전체 볼륨이 처마가 만드는 그늘 속으로 사라지도록 시도하였다. 길게 내민 처마는 전후 일본에 대한 소심한 비판이었다.

또 처마를 지탱하는 서까래에도 오카다와 요시다의 디자인에 작은 변화를 가미하였다. 오카다와 요시다는 철망 위에 모르타르를 바르는 방법으로 서까래의 세부 형태를 구현하였다. 그러나 우리는 공장에서 제작한 프리캐스트 콘크리트로 서까래를 만들고 그 부재의 섬세함을 보여주기 위하여 서까래와 천정 사이에 세밀한 줄눈을 넣어서 목조건축과 동일하게 부재와 부재를 분절하여 가벼움을 가져왔다. 이렇게 세밀함과 가벼움을 잘 조화시켜서 콘크리트 시대의 총아였던 오카다와 요시다에게 작은 저항을 시도해 본 것이다. 제5기의 가부키자 속에는 「강한 건축」에 대한 비판이 슬그머니 들어가 있었던 것이다.

신가부키자에 있어서 무라노의 도전

그러한 의미에서 말하자면 무라노가 오사카 난바역 앞에 디자인한 신가부키자(1958, 그림 15)는 요시다의 제4기

그림 15 신가부키자(무라노 토고, 1958)

가부키자를 정면으로 비판한 것이다. 무라노는 여기에서 연속 가라하후(唐破風)라고 하는 일본건축 중에서도 가장 유니크한 디자인에 도전한 것이다.

원래 활과 같은 반전 곡선을 가진 가라하후 지붕은 일본 전통건축 중에서도 특이하며 화려한 디자인으로 헤이안(平安)시대 이후 파사드에서 「결정적 부분」의 디자인으로 활용되어 왔다. 당(唐)이라는 이름이 붙어 있지만 실제로는 중국에서 유래한 것은 아니고 일본 독자적인 것으로 중국건축의 화려함을 느끼게 해 주기 때문에 당(唐)이라는 글자가 덧붙여졌다. 화려함을 어느 시대보다도 좋아했던 아즈치모모야마(安土桃山)시대 오다 노부나가(織田信長)의 아즈치죠(安土城), 도요토미 히데요시(豊臣秀吉)의 쥬라쿠다이(聚樂第) 등에 활용되었고, 그 시대의 정신을 상징하는 심벌이 되었다.

에도 사좌(四座)라고 불렸던 에도시대에 가부키 공연시설이 있었다. 당시 가부키는 막부로부터 반체제적인 연극이라고 간주되어 탄압을 받아서 극장의 사이즈나 디자인에서도 제한을 받아 화려한 가라하후를 활용할 여유는 없었고 놀랄 정도로 밋밋하였다. 메이지 중기 무렵에 파리의 오페라하우스에 필적하는 일본문화의 전당을 만들고자 하는 운동이 일어나 사좌를 하나로 통합한 제1기 가부키자가 1889년에 건설되었다. 그러다가 1911년에 첫 공연을 펼친 제2기의 가부키자에서 처음으로 정면에 가라하후 디자인이 채용되었다. 가부키에 썩 잘 어울리는 이 화려한 디자인은 오카다의 제3기나 요시다의 제4기에서도 당연한 듯 답습되어 정면을 장식하는 상징성의 지위를 유지해 왔다.

무라노의 연속 가라하후는 가라하후 자체를 부정하고자 한 디자인은 아니었다. 여기에서 무라노에 의한 요시다 비판이 얼마나 교묘하고 신랄한지를 확인할 수 있다.

기리히후의 수로 보자면 무라노가 요시다를 훨씬 능가한
다. 그러나 무라노의 가라하후는 인접하는 가라하후와
서로 연결되어 마치 하나의 하나의 연속하는 파도와 같
고, 혹은 무수의 입자가 반복적으로 펼쳐진 군무와도 같
아서 파사드 전체를 장엄하게 하고 있다. 단일의 중심을
강하게 강조하는 도쿄의 가부키자 가라하후와는 대조적
으로 부드럽고 온화한 인상을 준다. 소형 점포가 밀집하
는 난바역 앞의 거리 풍경과도 매우 잘 융화되어 있다.
서민의 에너지로 넘치는 장소라는 점도 포함하여 신가부
키자는 무라노의 요시다 비판, 간토 비판의 결정체라고
도 할 수 있는 작품이다.

우리는 신가부키자의 재생프로젝트에 관여하였을 때
이 연속 가라하후 파사드 위로 더더욱 무수의 알루미늄
바로 덮인 거대한 호텔을 얹어서 무라노가 낳은 입자의
파동을 더욱 증폭시키고자 시도하였다.

네리코렌지(捻子連子)를 활용한 요시다의 도전

도쿄의 제5기 가부키자에서도 오카다가 위에 얹었던

지도리하후(千鳥破風)[5]를 부활시킬 것인가로 대토론이 있었다. 미군에 의한 폭격으로 소실되었지만, 요시다의 제4기에서는 비용이 부족하여 지도리하후의 복원까지는 시도하지 못하였다. (그림 10, 그림 11)

마찬가지로 지진으로 다츠노 킨고(辰野金吾, 1854-1919) 디자인의 상징적인 대규모 지붕이 소실된 도쿄역 마루노우치(丸の内) 역사(1914)는 제5기 가부키자 프로젝트가 한참 진행되던 시기에 구심적인 돔지붕을 복원하였다. 가부키자에서도 마찬가지로 지도리하후의 재건과 비재건에 대한 논의가 시작되었다. 그러나 최종적으로 도쿄역과는 반대로 지도리하후의 복원은 이루어지지 않았다. 유럽의 수도 중심부에 우뚝 선 오페라하우스를 본받아서 오카다가 디자인한 구심적이며 상징적인 설계는, 현재의 도쿄라고 하는 도시와는 어울리지 않고 도쿄가 필요로 하는 것은 아니라고 건축주인 마츠타케(松竹)를 비롯하여 가부키의 연기자들 모두를 포함해 팀 전원이 느꼈기 때문이다.

역으로 우리는 가부키자 위에 얹을 고층빌딩의 파사드

---

5) 지붕경사면의 측면 부분으로, 즉 지붕의 경사를 이루는 박공 모양이 그대로 보이는 넓은 평면 부분을 하후(破風)라고 하는데, 경사면의 측면이 아닌 경사면 위에 덧붙여지듯 튀어 올라와 있는 형태로 구성되어 있는 하후를 의미한다.

그림 16 네리코렌지(捻子連子) 창

에 집착했다. 보통 양식건축 위에 고층빌딩을 얹을 때는 양식건축을 일종의 기단처럼 다루고 그 위에 유리로 마감한 커튼월 구조를 채용한 타워를 세우는 해법이 가장 일반적이다. 그러나 이 수법은 중후한 기단 위에 가벼운 볼륨을 얹어서 전체적으로 안정감을 부여하고자 하는 것으로 유럽 고전주의건축을 현대적으로 재해석한 것이라는 느낌이 강해서, 너무나도 서구적인 수법이라고 생각된다. 일본의 타워에는 일본적인 해법이 필요하지 않을까? 우리가 선택한 것은 네리코렌지(捻子連子) 창(그림 16)에서 힌트를 얻어서 마름모꼴 단면 형태를 갖는 기둥이

늘어선 파사드였다.

렌지(連子) 창이란 신사나 사찰의 본전이나 회랑에 활용되는 방범 성능을 겸한 살창이고, 네리코(捻子)란 사각형 단면 형상의 부재를 45도 회전시켜서 전면에서 면이 아닌 각이 보이도록 한 부재나 마름모꼴의 단면 형상을 갖는 부재를 칭한다. 통상 렌지 창은 연속하는 살이 하나로 뭉쳐져 딱딱한 면을 만들게 되지만, 네리코렌지 창으로 하면 하나하나의 살이 선으로 보이게 되므로 면이라기보다는 선의 표현에 가까워진다. 정면에서 보았을 때의 개구부 비율은 동일하더라도 보다 투명감이 높고 가벼운 표현이 된다. 렌지 창처럼 기둥을 그대로 면이 정면을 향하도록 배치하면 통상의 오피스건물과 동일하게 식상한 인상을 주게 되므로 기둥 방향을 45도 틀어서 마름모형 단면 기둥으로 배치하는 것만으로도 세부 선이 부상하며 고층빌딩의 볼륨감을 경감시킨다는 점에 착안한 것이다.

살을 단순히 연속적으로 늘어 놓는 렌지 창이 선이었던 살을 면으로 변화시키고 만다는 위험은 과거의 목수들도 깨닫고 있었다. 그래서 사찰이나 신사와 같은 성스러운 공간에서는 간혹 마름모꼴 단면의 네리코렌지를 활용하였다. 작은 공간을 어떻게 하면 폐쇄감이나 압박감으로부터 구출할 수 있는지가 목적인 다실의 의장에 있어서도 둥근 대나무로부터 분출되는 선의 표현과 투명감이 중요하게 여겨졌던 것이다.

모따기와 표층주의(表層主義)

이 네리코로 표현하는 것은 도쿄의 가부키자를 디자인한 요시다 이소야나 또 오사카의 신카부키자를 디자인한 무라노 토고에게서도 거의 보이지 않는다. 이미 언급한 것처럼 요시다는 「대벽(大壁)의 요시다」라고 알려져 있다. 기둥의 수를 극도로 줄이고 추상화된 벽을 중심으로 상징적인 소수의 기둥만이 돌출되는 대벽(大壁)이라고 불리는 표현방법을 발명하고 다듬어서 세련된 표현이 되도록 하였다. 선택된 기둥이 대무대 위에 서는 대표 연기자들처럼 벽으로부터 돌출되어 볼거리를 제공한다. 이 기둥은 모두 날카로운 직각의 코너를 가지고 각 면에 아름다운 나뭇결(목재의 중심부에서 목재를 취할 경우 나타나는 직선적인 나뭇결)의 패턴을 보여주었다. 날카로운 코너를 갖는 모따기를 하지 않은 기둥은 모서리에 모따기를 시행한 기둥과 비교하여 두껍고 강하게 보인다는 점도 두껍고 강한 기둥을 좋아하는 요시다의 눈에 들었던 부분이다. 잡음이 섞이지 않는 직선적 나뭇결 문양의 네리즈케 방식 얇은 판자로 마감한 모따기를 하지 않은 기둥이 요시다 미학의 기본이었다.

각주(角柱)의 모따기는 일본건축에서 가장 중요하면서도 예민한 부분으로 목수나 건축가의 센스와 실력을 보여주는 부분이었다. 모따기 방법에 따라 기둥이라고 하는 선(線)의 성질을 어떤 식으로도 변화시킬 수 있기 때문이다. 선은 일본에서는 추상적이라기보다는 구체적인 것이었다. 커다란 흐름으로 보면 삼림자원이 풍부했던 고대에는 기둥이 두껍고 모따기도 크게 하였다. 숲에서 취할 수 있는 목재가 가늘어지면서 기둥은 얇아졌고 동시에 모따기도 작게 하였고, 모따기를 전혀 하지 않는 기둥에 가까워지는 것이 일본건축의 모따기의 흐름이었다. 이 거대한 흐름 속에서 어떠한 정도의 크기로 모따기를 해야 하는지에 대해 목수는 계속 고민해 왔다. 모따기 방법 하나로 거칠게도 되지만 섬세하게도 되고, 단단하게도 되지만 부드럽게도 된다. 목수의 미학과 기술이 모따기에서 여실히 드러나는 것이다. 목조긴축의 선진국이라 할 수 있는 중국과 한국에서도 모따기에 대한 이러한 감성은 발달하지 않았다.

원래 중국대륙에서도 고대부터 각주와 원주에 대한 법칙은 존재했다. 건물의 중요한 부분인 중심부에 사용되는 기둥은 원주이고, 중요하지 않은 주변부에 세워지는 기둥은 각주로 하는 법칙이다. 기둥처마를 지탱하는 서까래에 있어서도 이 법칙이 적용되어 이중 서까래로 긴 처마를 지탱하는「겹처마」의 경우 건물에서 바로 뻗어 나오는 장연은 원형서까래를 쓰고 덧대는 부연은 각서까래를 사용하는 것으로 결정되어 있다.

물론 일본에도 중심부의 중요한 부분은 원, 주변은 각이라고 하는 법칙이 전해졌고, 특히 고대에는 많은 건축에서 이를 지켰다. 그러나 결국은 이 원과 각에 대한 법칙보다는 모따기에 대한 관심이 더 커져갔다. 중국에서는 원주를 중심으로 하는 목조건축으로 진화하였고, 한국에서는 원과 각뿐만 아니라 육각형 단면, 팔각형 단면의 기둥, 그리고 기둥의 엔타시스에 관심이 주목되어 모따기에 대한 집착은 생겨나지 않았다. 유일하게 일본에서 모따기가 이상하리만큼 진화를 거듭했던 것이다.

여기에는 건축 전체의 구성이나 실루엣보다는 하나의 작은 부분을 중요시하는 일본 독자적 감성이 관여하고 있는 듯이 느껴진다. 기둥이라고 하는 하나의 선이 하나의 추상적 또는 기하학적인 건조한 선이 아니라 무수한 의미와 감정을 담은 따뜻한 선으로서 일본에서는 취급되어 왔다.

역으로 요시다는 모따기보다는 기둥의 텍스처를 중요시하고, 기둥 각각의 면이 직선적인 나뭇결로 표현되는 것을 고집하였다.(그림 17) 요시다가 좋아했던 직선적 나뭇결은 다양한 제어하기 어려운 잡음을 배제한 가장 심플한 패턴이다. 그러나 이 패턴을 가진 기둥을 목재의 제재를 통해 얻으려면 옹이가 없어야 하는데 이는 매우 어렵다. 요시다는 이를 숙지하고 있었기에 아름다운 나뭇결을 얻기 위해서라면 네리즈케 방식으로 얇은 목재시트를 통해 표면만 그러한 것이라도 상관없다고 생각하였다. 「그건, 직선형 패턴을 갖고 싶네요. 자연목을 제재한 목재이건 그렇지 않건 상관하지 않아요. 과거에는 그런 것을 생각하지 않았다고 생각합니다. 패턴에 대해서는 크게 생각하지 않고 그저 기둥이라고만 생각했을……」

(앞의 글 「대담(對談) 나무라는 것, 목조건축이라는 것(木のこと 木造建

그림 17 요시다가 좋아했던 모따기 부분도 직선적 나뭇결인 기둥(히가시야마 구 기시 저택)

築のこと)」)

　여기서 밝힌 요시다의 표층주의는 정통적 모더니즘의 원리에서 미묘하게, 그러나 결정적으로 일탈하고 있다. 또한 요시다는 모따기 의장을 채용하여 설계를 할 때에도 모따기한 얇은 면까지 세장한 직선형 나무문의 시트를 붙였던 것이다. 원목을 사용하는 경우 네 개의 면이 모두 직선형 나무문인 목재는 존재하지만, 모따기한 면까지도 직선형 나무문인 경우는 존재하지 않는다. 목재라고 하는 식물의 동심원상 구조로부터 생각해 보면 불가능한 일이다.

　모더니즘건축은 양식주의건축의 가식성을 비판하고 진정성을 하나의 원리로 하였다. 모더니즘건축은 순수하면서도 동시에 정직하다고 하는 소박한 직감으로부터 시작되었다. 그러나 요시다는 기둥 표면 패턴의 순수한 아름다움을 우선시하고 자연계의 기본 구조조차도 희생시켰다. 요시다에 의해 정직함과 순수함이 분리되고 만 것이다.

　이는 모더니즘의 거장 미스 반 데어 로에(Mies van der Rohe)의 건축소재에 대한 입장과 상당히 닮아 있다. 콘크리트를 재료로 사용하여 모더니즘을 이끌어 간 또 하나의 거장 르 코르뷔지에(Le Corbusier)가 순수성과 정직성의 양방향을 최후까지 중요시했던 것에 반해, 석공의 아들로 태어난 미스는 정직함보다는 돌이 가져다주는 표면 패턴의 아름다움을 더 우선시하여 영화세트와 같은 건축을 추구하는 것으로 방향성이 기울었다. 이것이 소박한 공업주의가 상품으로서 가치를 높이기 위해서 정직함을 희생시켜 가는 프로세스와 병행하여 나아갔다.

　20세기를 대표하는 건축역사학자 레이너 밴험(Reyner Banham, 1922-1988)은 미스가 돌을 잘 사용하여 모더니즘 건축에서 중요시하는 공간의 층위 창출에 성공하였다고 미스를 옹호하였다. 미스에 의한 「모더니즘의 세트화」는 그 후 미스의 숭배자이며 미국에서의 협동자이기도 했던 필립 존슨(1906-2005)에 의해 한층 발전하여 최종적으로는 거대한 세트건축을 세계 각 도시에 출현시켰다.

이 세트건축이 정착한 결과가 1980년대 금융자본주의와 공진(共振)하며 성장한 포스트모더니즘건축이다. 서구에서 그리고 돌이라고 하는 물질의 활용에 있어서 미스가 수행했던 것과 동일한 역할을 일본에서 수행한 것이 요시다 이소야였다. 요시다는 나무를 활용하여 미스와 동일한 방식으로 세트건축의 역할을 수행한 것이다. 이는, 즉 시각이라고 하는 치우치기 쉬운 감각과 자연이 공업화에 의해서 괴리되어 가는 과정을 그린 한 편의 드라마와 같은 것이었다.

동과 서의 오래된 집착

한편 무라노는 기둥에 있어서도 요시다와는 정반대의 취향이었다. 요시다가 모따기하지 않은 기둥을 좋아했다면 무라노는 모따기를 좋아하였다. 또 초암(草庵)의 다실에 간혹 사용되는 자연에서 그대로 벌채한 듯한 형태의 모습을 그대로 사용하는 기둥인 멘가와바시라(面皮柱)도 즐겨 사용하였다. 모따기를 시행하면 기둥은 실제보다 더 얇게 보이는 느낌이 들고, 또 멘가와바시라를 사용하면 소박하고 자연의 풍미—즉 수키야적 표현—를 얻을 수 있기 때문이다. 무라노가 화풍건축의 기본을 배웠던 스승 이즈오카 소스케의 가르침 속에서도 「기둥두께는 3촌의 각기둥으로 하고, 그 이상이 되면 모따기의 가감을 조정하거나 장방형으로 할 것」이라는 항목이 있다. 실제로는 목조의 통상적인 기둥간격을 채용하는 경우, 기둥을 3촌 두께의 각기둥(9cm×9cm)으로 얇게 쓰는 것은 구조적인 난이도가 높아서 이즈오카의 지시대로 기둥에 모따기를 하지 않으면 내진성과 섬세함을 양립시키는 것은 불가능하다. 무라노의 멘가와바시라는 추상적이라기에는 부족하고 잡음이 많이 섞여 있는 자연회귀의 디자인이다. 이러한 디자인은 요시다에 대한 대항심의 상징이었다.

무라노는 요시다에 대하여 신랄한 비판을 섞어가며 간혹 논평을 내어 놓지만, 반대로 요시다에게서 무라노에 대한 언급을 딱히 찾아보기 어려워서 안중에 없는 것은 아닌가 보이기까지 한다. 이 관계는 요시다라고 하는 존재의 크기와 압도적인 영향력이 있었기 때문에 무라노가 태어날 수 있었다고 하는 역사의 역동성을 증명하고 있는 것이기도 하다. 무라노라고 하는 존재 자체가 요시다에 대한 비판이었다.

무라노는 요시다풍의 화풍을 비판할 때 간혹 동쪽 vs 서쪽이라고 하는 레토릭을 활용하였다. 오사카의 재력가인 이즈오카로부터 배웠다고 무라노가 말하는 화풍에 대한 마음가짐 자체가 동쪽은 졸부의 시골사람이고 서쪽은 유서가 깊은 도회인이라고 악담하는 것이다. 이를 품격 있게 간사이풍으로 바꾸어 표현한 것이고, 동쪽은「현학적이며 포멀리즘적이다」라고 하는 감상도 남겼다.(村野藤吾,「와타나베사무소에서의 수업시절(渡邉事務所における 修業時代)」, 앞의 책『무라노 토고 저작집(村野藤吾著作集)』)

이 무라노의 도쿄 비판은 규슈에서 태어나고 자라 대학은 도쿄였으나 일생을 간사이 중심으로 활동했던 그 자신의 입장이나 기반에서 나왔을 가능성도 크다고 할 수 있지만, 보다 그 안쪽 배경에 자리하고 있는 것이 일본에서 오랜 기간 인지되었던 동과 서의 확신과 집착이 었음에 대해서는 이미 언급하였다.

다른 문화 영역과 마찬가지로 건축에 있어서도 일본은 원래 서쪽이 수준이 높고 동쪽이 낮은 국가이다. 대륙으로부터 전파된 새로운 건축기술과 건축양식은 서쪽에서 들어와 이후 극히 천천히 동쪽을 향해 전파되어 갔다. 그러한 의미에서 서쪽은 중심이며 동쪽은 주변이지만, 동시에 또한 일본 자신도 아시아의 주변이면서 동쪽에 있었다. 중심과 주변이 다양하게 뒤섞이고 뒤틀리면서 얽혀 있는 역동성이 이 국가의 건축사를 독특한 형태로 진화시킨 것이다.

서쪽의 대륙적 합리성, 동쪽의 무사적 합리성

헤이안시대 교토에는 신덴즈쿠리(寢殿造)라고 불리는 귀족을 위한 주거형식이 있었다. 그 기본은 대륙으로부터 전해진 합리적인 목조프레임에 의한 개방적인 주거형식이었지만, 침실 부분만큼은 누리고메(塗籠)[6]라고 불리는 토벽으로 만들어진 폐쇄적 공간으로 구성하였다. 대

---

6) 누리고메(塗籠)는 신덴즈쿠리에서 내부에 구성되는 흙벽으로 이루어진 공간을 말한다. 기둥이나 횡부재 등의 목재 부분도 흙으로 덮어서 목재가 보이지 않도록 감추어 마치 흙만 사용하여 만들어진 것처럼 표현하는 것이 특징이다.

류으로부터 시스템적인 프레임 구조가 전파되기 이전에는 이 폐쇄적 형식이 일본이라고 하는 섬나라에서는 일반적인 것이었고, 대지와 일체화되어 있는 폐쇄적 공간은 수혈식주거에서 유래하였다고 판단된다. 대륙에서는 목조의 밝은 상자형건축이 일반적이었던 시대에 일본에서는 동굴형태의 흙벽공간에서 추위를 견디고 있었다.

이 원시적인 누리고메를 내포하고 있는 신덴즈쿠리라고 하는 주거형식의 등장 이후 가마쿠라시대부터 무로마치시대에 걸쳐서 신흥 무신 가문의 주택으로서 쇼인즈쿠리(書院造)라고 불리는 밝은 상자건축이 등장하였다. 신덴즈쿠리의 판마루바닥을 대신하여 바닥에는 다타미가 깔리고 이 유니버설한 공간을 장지문 등 가동성이 좋은 슬라이딩도어로 구획하여 당시의 대륙에는 존재하지 않았던 합리적이고 근대적인 공간이 형성되었다. 이는 어떤 의미에서 대륙의 건축 이상으로 밝고 융통성이 있는 것으로 대륙과 역전되었다고도 할 수 있다. 이 배후에는 서쪽을 대신하여 동쪽의 가마쿠라에 등장한 무사계급의 즉각적 합리주의가 존재하고, 무사들에 의해 현재의 화풍건축이라고 불리는 것의 원형도 출현하게 된 것이다. 유럽의 모더니즘건축이 귀족을 대신하여 대두한 산업사회의 부르주아계급이 합리주의를 추구하면서 생겨난 것처럼, 신계급인 무사의 합리주의가 모더니즘과도 통한다고 할 수 있는 유니버설한 공간을 만들었다. 무사의 합리성이 대륙에서 온 체제인 율령제를 무너뜨린 것처럼 건축에 있어서도 무사는 대륙을 넘어서기 위한 계기를 만들었다. 여기에도 동쪽과 서쪽의 항쟁과 역동성이 새로운 일본을 형성하였다.

센노 리큐에게 있어서와 동과 서

동쪽의 무사문화에서 유래한 쇼인즈쿠리는 무로마치 시대 교토 지역의 귀족문화의 영향을 받으면서 보다 호화롭고 화려한 것으로 진화해 갔다. 이 프로세스에 대하여 일종의 비판이나 안티테제와 같은 형태로 수키야문화, 즉 소박함과 한적함의 미학이 생겨났다. 수키야가 참고로 한 것은 주변에 남아 있던 가난하고 작은 민가이다.

사카이(堺)의 부유한 상인이었던 센노 리큐가 정반대의 대칭점에 있다고 할 수 있는 주변의 가난함을 발견하고 여기에서 수키야의 흐름을 완성시켰다. 그가 디자인한

그림 18 다이안, 중앙에서 약간 왼쪽에 보이는 것이 멘가와바시라

대표적인 건축, 그리고 유일하게 현존하는 것이 도요토미 히데요시의 명을 받아 불과 3개월 만에 완성시켰다고 하는 1평 크기의 극소 다실, 다이안(待庵, 1588, 그림 18)이었다. 여기에서 센노 리큐는 벽의 모서리를 기둥이 보이지 않도록 덧바르고 흙 속에 균열 방지와 보강을 위해 건초

를 듬뿍 섞어서 가난한 민가를 지향하는 건물을 세웠다.
이는 원시로의 회귀를 의미하는 것이기도 하다. 다이안
은 누리고메라고 하는 원시적 공간의 부활이기도 했다.

주목할 점은 센노 리큐가 당시 중국이나 유럽과의 교
역에서 중심적 역할을 하던 사카이라고 하는 일본 최고
의 상업도시 사람이라는 것인데, 하물며 교역의 최첨단
을 달리는 곳이었다는 사실이다. 그는 일본문화를 설명
하는 서고동저(西高東低)에서 서쪽의 첨단에 서 있는 인
물이었다. 그러한 그가 동쪽의 것, 즉 주변적인 것의 극
한이라고도 할 수 있는 무너져내리는 토벽의 가난한 민
가를 모델로 하여 초가 다실을 창조한 것이다. 일본문화
의 양극단을 연결하듯이 초가 다실이라는 형식이 생겨났
다. 일본에서는 이렇게 간혹 근대적인 것과 주변에 남겨
진 원시성이 접합하여 시대를 전환시키는 계기를 만들기
도 한 것이다.

게다가 이 전환에 있어서 흥미로운 것은 예수회선교사
라고 하는 「서구」가 촉매제로 관여했다는 점이다. 당시
포교가 허용된 예수회는 일본문화에서 다양한 전환을 불
러일으키는 계기를 만들었다. 사실성이 높은 종교회화
는 예수회 포교활동에서 중요한 수단이 되었고 일본미

술사에서 가장 중요한 계통 중 하나인 가노(狩野)파는 그
들로부터 원근법, 음영법 그리고 강한 색채를 사용하는
사실적 표현방법을 습득하였다고 전해진다. 마찬가지로
「오테마에(お点前)[7]」의 형식을 만들어서 「작은 비밀 교회」
로서 극소공간의 다실을 창조하였다고 하는 설도 있다.
닫혀진 일본에서 일본문화나 일본건축이 생겨난 것이 아
니고, 서구와의 접촉과 교환이 일본문화의 형태를 만들
수 있게 했다는 것이다.

 센노 리큐가 창조한 초가 다실이 동쪽으로 파급력을
가지고 전파되어 갈 수 있었던 핵심사항이 작음이었다.
작은 공간에 사는 사람들이 주역이 되는 시대가 도래할
것이라는 것을 센노 리큐는 예측하고 있었던 듯 느껴진
다. 이는 근대적 상인으로서의 직감이었을지도 모른다.
각각의 개인이 자신의 취미를 살려서 자유롭게 장식할
수 있도록 하는 것이 앞으로의 일본이라는 사회의 경제
를 회전시켜서 경제적으로 윤택하게 할 수 있을 것이라
는 점을 당시의 첨단에 서 있던 센노 리큐라는 경제인이
예측하였다고도 할 수 있다. 이는 20세기 초 미국이 교외

---

7) 다도에 있어서의 말차(抹茶)와 관련된 일련의 순서와 작법이다. 함축적으로는 다도
를 이해하는 사람들이 공유하고 즐기는 종합적 표현예술을 일컫는 단어이기도 하다.

주택이라고 하는 새로운 건축형식을 발명하면서 함께 만든 시스템인「건축의 경제화」의 선구적인 형태였다.

「작은 집」을 원한다면 누구나 집을 지을 수 있게 되고, 작은 집을 자유롭게 장식할 수 있는 시스템을 발명하여 미국은 자본주의의 패자가 될 수 있었다고 한다. 그 훨씬 이전에 센노 리큐는「작은 집」을 발명한 것이다. 그리고 실제 사례라고 할 수 있는 모델하우스— 다이안 —을 스스로 디자인하고, 도요토미 히데요시를 비롯한 시대의 리더들에게 보여주었다. 이것이 다실이라고 하는 작은 건축의 감춰진 정체가 아닐까, 내게는 그렇게 보인다.

여기에서 서민이 짓는 작은 공간은 밀집되어 있기 때문에 프라이버시 문제로 쇼인즈쿠리양식의 개방성보다는 벽을 주역으로 하는 폐쇄성이 필요했을 것으로 보인다. 그러나 단순히 작기만 한 폐쇄공간에서는 숨이 막힐 수도 있기 때문에 센노 리큐는 자연을 직접 느낄 수 있는 다양한 새로운 장치를 마련하였다. 도코노마(床の間)에는 살아 있는 식물로 장식하거나 중심에는 수혈식주거와 마찬가지로 불을 피울 수 있는 시설을 설치하였다. 대지와 건축이 다시 연결되게 된 것이다. 토벽의 폐쇄성과 자연 통풍을 양립시키는 하부의 창이나 현재의 환경기술에서

도 사용하는 것처럼 지붕의 일부를 열어서 공기의 자연대류를 촉진시키는 천창 등도 활용하였다. 이 작은 폐쇄공간은 센노 리큐라고 하는 희대의 건축가 겸 엔지니어의 손에서 훌륭히 자연과의 접합을 이루어냈다.

작은 에도(江戶), 큰 메이지(明治)

에도시대는 무신 가문에 의한 지배체제가 장기간에 걸쳐 지속되었지만, 에도(도쿄)에는 지배층이 사는 큰 건축(쇼인)과 민중이 사는 작은 건축이 공존하게 되었다. 에도가 세계 유수의 대도시로 성장할 수 있었던 것은 좁은 정면과 깊은 폭의 형태를 가지며 밀집지에서 최저한의 인간적 환경을 확보할 수 있도록 지어진 마치야(町屋)나 나가야(長屋)라고 하는 작은 건축군이었다. 원래 밀폐가 불가능한 목조라고 하는 틈이 많은 건축이었으므로 이 작은 건축군에 숨을 쉴 수 있는 개방감을 부여할 수 있었고 그렇게 세계에도 유례가 없는 고밀도의 도시를 가능하게 할 수 있었다.

한편으로 농촌지역의 집은 토방으로 대지와 연결되고,

정기적으로 주변에서 얻은 풀로 지붕을 교체하는 초가지
붕을 통해 자연과 연결되었다. 지붕 교체가 끝난 후 걷어
낸 풀은 비료로 재이용되는, 민가라고 하는 이름의 이 작
은 건축은 자연순환시스템의 일부로서 다양한 회로를 통
해 자연과 연결되어 있었던 것이다.

이후 큰 건축을 건설하기 위해 양성기관으로서 설립된
도쿄대학 건축학과에서는 당연히 교육의 중심을 서구에
두고 서구의 양식건축을 위주로 교육하였다. 가장 손쉽
게 그리고 상징적으로 내세우기 좋은 「큰 건축」을 짓기
위한 수단으로서 서구의 양식건축이 도입되었다. 일본
의 전통건축은 「새로운 시대가 필요로 하는 큰 건축」을
짓기 위한 도구로서는 불충분하였다. 전통건축의 위에
얹는 경사지붕은 햇빛이나 강우로부터 지키기 위해서는
편리했지만, 메이지시대가 필요로 했던 새로운 상징성을
창조하기에는 추구하는 방향성이 맞지 않았다.

일본의 전통건축 중에서 「큰 건축」을 디자인하는 데 있
어 도움이 되는 것은 신사나 사찰밖에 없다고 판단되어,
「작은 건축」을 짓기 위한 도구였던 수키야건축은 「후처
의 집」이라며 천시되었고, 일본건축사 연구나 교육의 대
상에서 제외되었던 것이다.

이렇게 「큰 건축」을 지향하는 메이지라고 하는 시대는 모더니즘건축이라고 하는 새로운 서구로부터의 바람에 의해 변화하기 시작한다. 모더니즘건축이란 원래 「작은 건축」을 건설하기 위한 도구로서 서구에 등장하였기 때문이다. 그 이전의 양식건축은 원래 「큰 건축」을 짓기 위한 도구였다. 「큰 건축」을 보다 그럴싸하게 보이도록 하기 위해서 고대 이집트 이래로 수천 년에 걸쳐 서구 중심에서 진화를 거듭한 것이 양식건축이다. 서구에서는 건축이란 본디 「큰 건축」을 뜻하는 것이었다. 민중의 집은 선조 대대로 이어져 온 것으로, 민중이 새로 건축을 하거나 디자인을 할 필요가 없었다. 극단적인 표현을 하자면 민중은 건축과는 거리가 있고, 지배계급만이 건축과 연결되어 「큰 건축」에 관심을 가졌던 것이다.

그러나 산업혁명에 의한 중산계급의 출현이나 인구의 급증과 함께 이 상황에 변화가 생겨났다. 지배계급만이 독점하고 있었던 건축이라는 미디어가 서서히 문호를 개방하기 시작하여 많은 사람들의 관심사항이 되었다. 모더니즘건축은 이렇듯 새로운 사회, 경제적인 상황이 탄생시킨 건축의 모습인 것이다.

건축을 새롭게 짓는 것이 가능해진 사람들은 「작은 건

축」을 건축하기 시작하였다. 이「작은 건축」에 어울리는 디자인으로 모더니즘이 생겨나고 급격히 힘을 키우게 되었다. 그러한 의미에서 양식건축에서 모더니즘건축으로 전환해 가는 양상은 쇼인즈쿠리에서 수키야건축으로 전환해 가는 양상과 상당히 닮아 있다. 모더니즘이란 서구에 있어서의 수키야건축이었던 것이다.

작은 건축으로서의 모더니즘

이 모더니즘건축이 무서운 속도로 확산되어 종래의 양식건축을 압도하게 된 것은 1930년 전후였다. 이는 붐이라기보다는 혁명에 더 적합하다고 할 정도로 충격적인 대전환이었다. 이 혁명의 리더가 르 코르뷔지에와 미스 반 데어 로에라고 하는 2명의 건축가였고, 혁명을 상징하는 사건이 뉴욕근대미술관(MoMA)에서 개최된 모던아키텍처전(그림 19)이었다. 건축사에 각인된 이 중요한 전시회에서 가장 주목받은 것은 르 코르뷔지에가 디자인한 빌라 사보아(제1장 그림 6)와 미스가 디자인한 바르셀로나 파빌리온(제2장 그림 11)이었다. 둘은 모두 앞으로 민중들

이「작은 건축」을 짓게
될 때 최고의 견본이
될 만한 것이었다. 전
시회를 방문한 사람들
은 설레는 마음으로 기
능적인 이 두 건축물의
모형을 보기 위해 입장
하였다. 이 전시회는
MoMA에서 끝난 후에
전미 백화점 순회전을

그림 19 모던아키텍처전의 카탈
로그

검토했을 정도로 영향력이 엄청났다. 모더니즘건축은
처음부터「큰 건축」을 위한 도구로 탄생한 것이 아니라
「작은 건축」을 위한 도구로서 생겨났고 폭발적인 기세로
세계를 변화시켜 갔다는 것을 여기에서 알 수 있다.

혁명은 바로 일본을 습격했다. 시대에 민감한 젊은 건
축가들은 당연한 것이지만 혁명의 동정을 살피고 현장에
서 발산되는 모든 이미지와 텍스트에 집중하였다. 그리
고 몇 명의 예리한 젊은 건축학도들은 이 혁명의 본질이
「작은 건축」의 탄생에 있고,「큰 건축」으로부터「작은 건
축」으로의 대전환에 있음을 깨닫기 시작하였다. 그리고

그들은 직감적으로 일본의 전통건축 속에「작은 건축」의 지혜와 디자인이 잠재해 있음을 알았다. 여기서 소개한 서구와 일본을 절충하고자 했던 전쟁 이전의 실험적 시도의 기초에는 이러한 젊은 학도들의 직감이 있었다.

요시다 이소야가 가장 이른 시기에 일본「작은 건축」의 가능성에 주목하였다. MoMA의 전시회에서 불과 3년 후인 1935년, 요시다는 앞에서 언급한「근대 수키야주택과 명랑성」이라는 글을 발표하였다. 이 주목도 놀랄 정도로 빨랐지만 실제 작품으로 실현한 것도 비정상적일 정도로 빨랐다. 그러나 이 요시다에 의한 화양의 조급한 절충은 도쿄라고 하는「저속한」시점에 기반한「포멀리즘적이고 현학적인」절충으로 무라노 토고에게는 비쳐졌던 것이다. 메이지유신과 그 후의 도쿄를 중심으로 하는 부국강병 정책의 성공으로 인해 이미 당시 중심은 동쪽에 있었고 원래 중심이었던, 무라노가 애착하는 서쪽은 중심에서 떨어진 장소로 전락하기 시작하였다.

그리고 중심에서 벗어났기 때문에 비로소 서쪽은 비판성을 가질 수 있게 되었음을 무라노는 깨닫게 되었다. 전쟁 중에 무너진 토벽을 본 체험에 대하여 논하는 것으로 무라노는 스스로의 깨달음의 정체를 고백하였다. 센노 리큐가 요도가와(淀川) 천변의 조악한 소옥을 발견한 것처럼 무라노는 무너진 가옥에서 「약함」과 만났고 「약함」 속에서 서쪽의 새로운 가능성을 발견하였으며 「약함」을 무기로 동쪽의 요시다를 비판하고 추격하였다. 이는 여행으로 유럽의 혁명을 보고 일단 실망하였던 무라노가 간사이라고 하는 장소를 실마리로 하여 다시 민중을 발견하고 민중을 내 편으로 만들 수 있다고 확신한 순간이었다.

수직성에 대한 혐오

무라노가 실제로는 교외주택이나 공영주택과 같은 민중을 위한 건축을 설계한 경우는 거의 없었지만, 「약함」의 가능성을 철저하게 추구하여 이후 「커다람」을 향해 전환해 버린 모더니즘의 정반대 극단을 바라보았다. 「혁명의 건축」을 부르짖으며 서구의 구축성에서 탈피하지 못하고 소재에 있어서도 코르뷔지에의 콘크리트, 미스의 철로 대표되는 공업주의적 「단단함」으로부터 벗어나지 못하는 모더니즘과는 궤를 달리하고자 하는 것이 무라노

그림 20. 일본생명 히비야(日比谷)빌딩(무라노 토고, 1963)

의 실천방향이다. 무라노는 시대를 역행한 것이 아니라 크기에 집착하는 모더니즘의 앞에 있었던 부드러움을 통해 미래를 추구하였던 것이다.

건축이 어느 크기나 어느 높이 이상으로 건설되기 위해서 가장 일반적인 방법은 기둥이라고 하는 수직부재를 활용하여 전체 크기를 제어하는 것이다. 그리스 아크로폴리스의 언덕 위에 우뚝 선 파르테논신전의 열주 이래로 서구는 수직이라고 하는 방법으로 건축형태를 결정지으려 하였고, 모더니즘도 그 방법에서 벗어나는 일은 없었다. 아니 결론적으로는 벗어나지 못하였다. 요시다 이

그림 21 하코네(箱根) 프린스호텔(무라노 토고, 1978)의 발코니
(©Atsuko Murano Abalos)

소야도 또한 수직성에 대항하려 하지 않았다. 제4기 가부키자나 외무성 이이쿠라(飯倉) 공관(1971)도 요시다는 당당히 수직성에 편승하였다.

그러나 무라노는 높고 큰 볼륨에 대해서도 수직성을 피하고자 철저히 궁리하였다. 중기의 명작이라고 일컬어지는 건물로 닛세이(日生)극장이 내부에 들어갈 일본생명 히비야(日比谷)빌딩(1963, 그림 20)은 결코 작은 건물이 아니고 낮은 건물도 아니다. 그러나 이 커다란 볼륨을 큰 기둥이라고 하는 해법으로 풀지 않고 짧고 조그마한 기둥의 집합체로 디자인하였다.

소재는 돌이지만 각각의 기둥에는 무라노가 좋아하는 멘가와바시라처럼 모따기가 시공되어 마치 날씬한 교토 여자의 우아한 모습처럼 보인다. 거기에다가 각층에서 짧은 기둥의 위치가 일부러 벗어나게 하여 수직적인 형태 통합을 부정하고 있다. 기둥으로 대표되는 마초적인 남성적인 것은 철저히 기피되었다.

호텔과 같이 커다란 볼륨을 필요로 하는 대형건축에 있어서도 하코네 프린스호텔(1978, 그림 21)이나 신타카나와(新高輪) 프린스호텔과 같이 작은 발코니의 집합체로 전체를 제어하였다. 신가부키자에서는 가라하후가 입자화되었던 것처럼 꽃잎 같은 입자 모양의 발코니가 파사드를 자유롭게 변화무쌍하게 하는 것이다.

단게(丹下)의 수직성

이는 무라노가 요시다 이소야 이상으로 라이벌로 보았던 「동쪽의 총대장」이라고도 할 만한 단게 겐조(丹下健三)의 수직적 표현에 대한 안티테제이기도 하였다. 단게는 요시다 이소야 이상으로 동쪽의 대표주자였다. 동쪽 출

그림 22 기시(岸)기념체육관 (단게 겐조, 1940)

신으로, 도쿄를 중심으로 활동하며 국가를 대표하는 건축가가 단게였다. 그리고 지금 돌이켜 보면 쇼와(昭和)라고 하는 시대는 단게와 무라노라고 하는 대조적인 동과 서의 건축가에 의해 대표되고 상징되는 시대였다.

단게는 젊은 시절부터 자신이야말로 국가를 대표하는 건축가라고 하는 강한 자부심과 자신감을 가지고 디자인을 하였다. 단게가 아직 선배였던 마에카와 쿠니오(前川國男)의 사무소에 재적하고 있으면서 자신의 이름으로 발표했던 기시기념체육관(1940, 그림 22)은 2층의 소규모 목조건축이지만 그 전면에 서 있는 4개의 수직기둥이 뿜는 존재감이 이채롭다. 사무소의 소장이었던 마에카와는 위화감을 느꼈다고 언급했다. 마에카와는 권력에 대하

그림 23 히로시마평화기념자료관 본관과 공중회랑으로 연결되는 동관(단게 겐조, 1955)

여 일종의 비판적 생각을 늘 가지고 있었다. 전쟁 이전에 행해졌던 도쿄제실(帝室)박물관(현 도쿄국립박물관)의 설계경기(1930)에서 마에카와는 일부러 평평한 지붕으로 디자인한 안을 제출하여 시대를 비판하였고 그 정신은 생애 내내 변하지 않아서 건축계로부터 지속적으로 존경을 받았다. 수직성을 구사하고 모더니즘시대의 상징성을 추구하여 질투와 비판의 표적이 되었던 단게와는 전혀 다른 행보였다.

그러나 마에카와는 1930년이라고 하는 시간에 일평생 멈춰 서서 안주하고 말았다고도 할 수 있다. 모더니즘 속에 숨어 있는 상징성을 지속적으로 비판해 왔던 무라노의 작품이 훨씬 좌편향적이고 결정적인 예리함을 갖고

그림 24 도쿄도청 (단게 겐조, 1990)

있는 것처럼 나는 느껴진다.

단게는 전후 단게연구실을 도쿄대학 안에 설치한 이후에도 수직의 기둥을 가장 중요시하였다. 단게의 실질적인 데뷔작이라고 할 수 있는 히로시마평화기념공원에 세워진 동관(구 기념관)(1955, 그림 23)에서도 단게가 스승으로 추앙하는 코르뷔지에의 빌라 사보아를 기초로 하면서 빌라 사보아에서는 보이지 않았던 강한 수직성이 통기둥을 통해 강인하게 표출되었다.

구로카와 기쇼(黑川紀章, 1934-2007)를 비롯한 단게의 제자를 중심으로 1959년부터 활동을 시작한 메타볼리즘의 건축군도 기본적으로는 엘리베이터, 계단 같은 종적인 이동이 강한 수직성을 베이스로 하고 있다. 이는 「위를 향해」 고도성장의 길을 달리던 일본의 상승과 확대 지향을 매우 잘 구현해 주는 것이었다. 그리고 단게 본인은 그 인생 최종장을 도쿄도청(1990, 그림 24)의 두 수직탑으로 장식한 것이다.

늙은 말을 탄 돈키호테

이 「위를 향해」 걸어갔던 일본 속에서 무라노의 수직성 비판과 구축성 비판은 동료가 없는 고독한 싸움이었다. 무라노의 비판성은 단순히 요시다나 단게, 그리고 도쿄만을 향하고 있었던 것은 아니다. 커다란 것을 만들기 위해 진화해 온 건축의 역사 자체가 무라노의 적이었다. 상징과 형식이라는 다양한 도구를 사용하면서 지속적으로 만들어졌던 「대규모 건축」 전부가 무라노의 적이었다. 요시다나 단게도 이 「대규모 건축」 앞에서는 시야가 흐려지고 마는 것이었다. 간사이의 마르고 작은 노인은 늙은 말에 올라탄 돈키호테처럼 혼자서 「대규모 건축」과의 싸움에 도전했던 것이다.

이 싸움에서 가장 볼 만한 것은 그가 「작은 건축」으로 도망가서 숨으려고 하지 않았다는 것이다. 「작은 건축」이라고 하는 영역으로 도망가서 들어가 버리면 「대규모 건축」과 싸우는 모습으로 보이게끔 하는 것은 어떤 의미에서는 간단하다. 일본건축가들에 의해 1970년대부터 일어난 소규모 주택 붐은 그러한 시도의 전형이었다. 이들은 충분히 인간적이고 충분히 아름다웠지만 「대규모 건축」을 향해 일방적으로 가속해서 달려가던 세상 속에서는 일종의 청량제였으며 일종의 쉼터였을 뿐이다.

그러나 무라노는 커다란 볼륨의 건축에 「작은 건축」의 인간성을 되돌려 놓고자 싸움을 걸었다. 실물로서 그것이 가능한 일임을 이 돈키호테는 증명한 것이다.

일부의 북유럽건축가들 — 예를 들어 알바 알토(1898-1976)나 아르네 야콥센(1902-1971)—은 무라노와 동일한 목표를 가지고 있었던 것으로 보인다. 북유럽은 무라노가 젊은 시절 여행 중 가장 많이 공감했던 장소였다. 그러나 알토에게서나 야콥센에게서도 「작은 건축」에 대한 지향성은 대규모 건축 자체에서는 결과를 내지 못하였고, 대규모 건축 안에 슬쩍 놓이게 되었던 자그마한 가구나 소형 장식—예를 들면 야콥센의 SAS 로얄호텔(1960) 속 가구들—에서만 보일 뿐 성과를 거두었다고 보기는 어렵다. 알토나 야콥센도 결국 「대규모 건축」은 어려운 것이었고 그들의 활동무대는 아니었다.

실험실로서의 수키야

그러면 어떻게 세계에서 거의 유일하게 무라노만이 큰 건축과 작은 건축을 모두 설계했던 것일까? 무라노가 수키야건축이라고 하는 실험실을 가지고 있었기 때문이라고 나는 생각한다. 무라노는 수키야건축이라고 하는 「작은 건축」을 실험의 장으로 계속 활용하였다. 그가 스스로 화풍건축의 전문가가 아님에도, 화풍건축은 돈이 많이 들어가는 것이라고 한 것은 그것이 실험실이었다는 사실을 밝힌 발언이라고 읽을 수 있다. 요시다 이소야에게서 수키야란 본업이고 업무였지만 무라노에게서 수키야는 실험실이며 테러리스트의 연구실과도 같은 것이었다.

그리고 실험실이라서인지 무라노의 수키야에 들어가면 우리는 긴장이 풀리고, 놀라고, 즐거움에 들뜨며 지적 상상력이 발동하기 시작한다. 예를 들면 치요다(千代田)

그림 25 치요다(千代田)생명 본사 빌딩의 다정과 다실

생명 본사 빌딩(1966)의 다실(그림 25)에 초대되었을 때의 감상은 잊을 수가 없다. 천정과 장지문에 적용된 사다리 타기와 같은 문양의 유니크한 패턴스크린(그림 26)은 즐겁고 자유로웠다. 금속판의 요철 부분을 조립하여 비를 막고, 얇은 처마끝도 압도적이었다. 다이안의 얇음을 훨씬 능가하고 있었다. 무라노가 영원히 젊은 도전자로 남아 있었음을 느꼈다.

이 무라노의 수키야에 대한 태도의 기본에는 이미 언급한 「민중을 위한 건축을 짓는다」라고 하는 인생을 관통하는 철학이 있다. 수키야란 기본적으로 다도를 위한

그림 26 치요다(千代田)생명 본사 빌딩,
우물에 면한 모던 장지문

공간이고, 일본에서 다도란 어느 정도 한정된 사람들을 위한 관습과 규범에 얽매인 폐쇄적인 예술활동이라는 점을 무라노는 경계하였다. 다도야말로 무라노가 가장 싫어하는 「포멀리즘과 현학주의」의 표상이었던 것이다. 닫혀 있고 숨을 쉬기 힘든 일본의 다실을 자유롭고 지적인 실험실로서 개방하고자 하는 것이 무라노의 도전이었다. 요시다는 매일 아침 어머니와 아내가 골라줘서 불평도 불만도 없는 품격 있는 전통의상을 몸에 걸쳤지만, 무라노는 밋밋하고 초라한 정장을 좋아하였고 현장에서는 공사 관계자와 동일하게 작업복을 입고 칠을 묻히며 작업자들과 어울렸다.

이 무라노 방식의 접근 속에 일본건축을 다시 한 번 세계, 그리고 사회와 연결시키기 위한 중요한 가능성이 잠

198

재해 있다고 나는 느낀다. 일찍이 20세기에 들어설 무렵 라이트는 일본건축과 세계를 연결시켜 보여주었다. 일본건축이 갖는 개방성과 자유가 앞으로 시대의 주역이 되는 「작은 건축」의 강력한 무기라는 것을 라이트는 발견하였다. 이 발견은 모더니즘건축을 담당했던 젊은 코르뷔지에나 미스에게 엄청난 영향력을 미쳤고, 일본건축은 시대를 전환하는 하나의 힌지와도 같은 역할을 수행하였다.

라이트는 「거대한 건축」을 건설하는 것에 흥미가 없었다. 초고층은 비인간적이며 인간과는 맞지 않은 건물이라고 딱 잘라서 부정하고 무시하였다. 그는 수평적인 건축을 생애 동안 지속적으로 설계했지만 시대의 요청을 받고 피하거나 하는 모습도 없었고, 계속 커져만 가는 건축을 어떻게 하면 휴머니티가 있는 건물로 설계할 수 있을까에 대해서는 관심이 아예 없었다.

또다시 세계는 일본의 전통에 무엇인가를 기대하고 있음을 그는 느꼈다. 20세기 초엽 일본의 지혜는 작지만 쾌적한 「작은 건축」을 만들었고, 민중들에게 대량의 집을 제공하기 위해 활용되었다. 그러나 21세기 모든 것이 너무 커져 버려서 이미 어떤 것도 지을 수 있는 장소가 없는 세계에 우리는 살고 있다. 너무 커져 버린 건축, 너무 커져 버린 도시를 조금이라도 마음 편한 인간적인 장소로 위장하여 회전시키기 위하여 일본의 지혜를 활용하는 것은 불가능한 것일까?

중간입자와 덤의 가능성

하나의 힌트가 될 수 있는 것은 큰 것과 작은 것을 연결시키기 위하여 중간의 장치를 두는 것이라고 나는 생각하였다. 전술한 것과 같이 북유럽의 건축가는 「거대한 건축」에 대항하고자 하였지만 결국 가구나 소품 등의 작은 것에 의지할 수밖에 없었다. 한편 무라노는 작지도 크지도 않은 중간적 스케일의 것을 활용하였다. 화실(和室)을 구성하는 장지문과 다타미 등은 그러한 중간입자의 대표라고 할 수 있지만, 무라노는 파사드에 붙이는 차양(예를 들면 가라하후)이나 발코니를 중간입자로 자유롭게 구사하여 큰 것과 작은 것을 연결하였다.

일본건축을 구성하는 요소의 대부분은 그 중간성과 양면성을 갖고 있다. 게다가 이들 중간입자는 지속적으로 변화하는 인간이라는 요소와 환경이라고 하는 마찬가지로 변화를 지속하는 요소 사이에 있어서 이들을 기술적으로 연결시켜 왔다. 일본건축의 본질은 중간성이며 양면성이다.

무라노는 수키야라고 하는 실험실을 입수한 것으로 이들 중간입자의 커다란 가능성을 발견하였고, 실험을 반복하였다. 다양한 건축요소를 중간입자로서 재정의하였고, 이를 적용하는 실험을 진행하였다. 무라노는 건축과 상품의 중간 정도의 스케일을 가지면서 경쾌하고 가벼운 중간입자를 통해 낡고 오래된 형식성과 상징성으로부터 건축을 해방시켰다.

중간입자란 증개축(增改築)을 용이하게 하려는 목적으로 일본건축이 만들어내고 다듬은 수법이었다. 건축 전체가 중간입자의 집합체에 가까워지면 이를 탈착하고 이동하면서 건축은 어떻게든 변화가 이루어질 수밖에 없다. 일본건축의 역사에 있어서 특징적인 것은 오모야(主屋)라고 하는 본체 구조와 그 외부에 덧붙여서 만들어지는 게야(下屋)로 구성되어 있고, 부속건물인 게야가 오모야만큼 중요시된다는 점이다. 게야는 본래 증축하여 만들어지는 덤의 공간이지만, 이 덤이 일본건축의 공간을 풍부하게 하였다. 중국이나 한반도에서도 게야의 수법을 발견할 수 없다. 툇마루도 덤이고, 모든 중간입자가 착탈 가능한 덤이라고 봐도 좋을 것이다. 일본건축은 덤이 모여서 만들어진 덤의 건축인 것이다. 덤의 수법은 일본에서 독자적으로 진화를 거듭해 일본건축을 풍부하고 유연한 것으로 만들었다.

기둥과 같이 건축 전체를 지지하는 주요 부재조차도 일본인은 중간입자화하는 것에 성공하였다. 천정과 지붕과의 사이를 와고야(和小屋)라는 상부가구로 채우는데, 이 상부가구는 독립적 구조체로서의 특징을 가지고 있어서 내부공간을 구성하는 하부기둥을 자유롭게 움직일 수 있도록 하였다. 이를 통해 세계에 유례가 없는 가변적인 구조시스템을 일본이 발명한 것이다. 기둥은 이동할 수 없다는 것이 세계의 건축계에서 불변의 대원칙이다. 그러나 일본인은 중개축을 하면서 당연한 듯 기둥을 움직일 수 있었다. 목조건축의 기술은 대륙으로부터 전해졌지만 이 이동하는 기둥은 중국이나 한반도에 존재하지 않는다. 무로마치시대에 완성하였다고 보여지는 이 와고야시스템으로 일본인은 기둥마저도 중간입자로서 재정의할 수 있게 된 것이다.

중간입자에 의한 증개축(增改築)

무라노는 중간입자를 도구상자 속에 풍부하게 채워 넣고 있었기 때문에 「증개축의 달인」이라고 불리었다. 니혼바시(日本橋) 다카시마야(高島屋)의 증개축에 있어서 무라노는 유리블록이라고 하는 중간입자를 사용하였다.(그림 27) 보통의 건축가라면 이전의 다카시마야처럼 양식건축을 바탕으로 유리 커튼월을 설치하여 대비를 시키는 방식으로 커튼월의 근대성을 강조하는 연출을 했을 것이다. 그러나 무라노는 여기에서 유리블록이라고 하는 반투명한 중간입자를 발견하였다. 유리로 만든 장지문과 같이 중간입자를 사용하여 돌로 만들어진 본관을 훨씬 부드럽게 느끼도록 한 것이다. 이 유리 장지문은 니혼바시 거리 속에 완벽히 융화되어 니혼바시 뒷거리는 이 장지문 덕분에 생기를 회복하였다. 벽도 아니고 유리도 아닌 장지문이라고 하는 중간입자가 일본건축 속에서 담당한 역할을 무라노는 명확히 숙지하였고, 이를 도시라고 하는 거대한 장소에 펼쳐낸 것이다.

영빈관의 대수리(1968-1974)도 무라노가 얼마나 증개축의 달인이었는지를 보여주는 작품이다. 인테리어의 색감으로 백색도 베이지색도 아닌 중간적인 백색을 선택하

그림 27 증개축한 이후의 니혼바시(日本橋) 다카
시마야(高島屋)

여 도장하였고 이를 통해 전체를 부드럽게 녹여주고 감
싸서 융화시킨다. 그러나 내가 가장 주목한 것은 입구 주
변의 울타리와 작은 수위소였다.

무라노는 우선 흑색으로 칠해져 있는 철제 울타리를
하얗게 다시 칠하였다. 버킹엄궁전을 비롯하여 유럽에
서는 이러한 울타리는 대부분 흑색으로 칠해져 있다. 그

그림 28 영빈관, 작은 수위소

배후에 있는 궁전이라고 하는 거대한 건축을 좀더 돋보이도록 하기 위해서 울타리는 어두운 색으로 하는 것이다. 그런데 무라노는 그 통례를 부수고 하얗게 칠했다. 다카시마야에서 유리 커튼월을 하고 싶지 않아서 유리블록을 사용한 것처럼 철제 울타리는 백색으로 칠해지면서 가벼운 존재감을 갖는 중간입자로 변신하였다.

입구 양쪽에 새롭게 지어진 둥근 지붕의 수위소(그림 28)도 중간입자라고 부르기에 걸맞은 인간적인 감각을 가지고 있다. 만약 이 수위소를 가타야마 도쿠마(片山東熊, 1854-1919) 설계의 영빈관 본관에 맞추어 디자인했다면 인간적이며 가벼운 입자감을 달성하는 것은 불가능했을 것이다. 무라노는 양식건축의 법칙을 깨고 입자의 가벼움에 집중하여 하얀 울타리와 장난감 같은 귀여운 파빌리온을 디자인하여 과거의 육중하고 엄중한 건축이기만 했던 영빈관을 도쿄라고 하는 현대도시와 자연스럽게 접속시켰다.

그리고 무라노는 목조로 건설된 자택도 중개축을 반복하였다. 창방이나 상인방 같은 횡부재를 너무 높다거나 너무 낮다면서 여기저기 옮기고 교체하기를 몇 번이고 반복하였다. 재미있었던 것은 무라노가 여러 번 수정을 거치면서 생긴 이음새의 구멍이나 상처 등의 목부재 흔적을 지우려고 하지 않고 당당히 방치했다는 점이다. 중간입자들의 다양한 이동을 통해 만들어지는 변화를 그는 즐겼던 것처럼 보인다. 이 자유로운 이동과 변화 속에 일본건축의 본질이 있고, 그 유동성이야말로 일본건축의 공간을 즐겁고 가볍게 해 준다고 무라노는 간파하고 있었던 것이다.

이 무라노의 중개축에 대한 자세도 물론 유럽식의 건축보존 개념, 시간에 대한 자세와는 극대조적이다. 유럽에서 건축이란 추상적이어야만 함과 동시에 영원의 존재이어야만 했다. 모뉴먼트라고 하는 단어에 이 양쪽이 내포되어 있다. 그러나 무라노는 남성적인 상징성을 싫어하였을 뿐만 아니라 영원성에 대해서도 위화감을 가지고 있었다. 영원한 것 따위는 이 세상에 존재하지 않는다는 것이 무라노의 시간에 대한 철학이었다. 그렇기 때문에 무라노는 중개축에 엄청난 에너지를 쏟으며 실험을 반복하였고, 리노베이션의 걸작을 세상 속에 남길 수 있었다. 무라노는 건축의 보존이라고 하는 점에 있어서도 서구적인 시간개념에 대한 신랄한 바판자로서 재발견되어야만 하는 존재이다. 서구건축의 본질에 대하여 무라노 이상의 엄격한 비판자를 여전히 나는 찾지 못하고 있다.

안토닌 레이먼드(Antonin Raymond)와 일본

여기에서 다시 시대를 전쟁 이전으로 되돌려서 또 하나의 중요한 절충주의자, 안토닌 레이먼드(Antonin Raymond, 1888-1976, 그림 29)가 담당했던 역할에 대하여 생각해 보고자 한다. 전술한 4인의 건축가—후지이, 호리구치, 요시다, 무라노는 모두 일본에서 태어난 일본인이었다. 그러나 레이먼드는 「외국인」이었다. 체코에서 태어나 1910년 미국으로 건너갔고 1916년부터 프랭크 로

그림 29. 안토닌 레이먼드

이드 라이트의 사무소에서 근무하였다. 1919년 도쿄의 제국호텔 설계를 담당한 라이트의 조수로서 일본에 왔고, 1920년 독립하여 레이먼드사무소를 개설하였다. 1937년 국제정세가 긴박해지면서 일본을 잠시 떠났다가 1947년 다시 일본으로 돌아와 1973년 은퇴할 때까지 레이먼드사무소를 운영하였다. 전쟁 이전과 이후 시대를 통틀어 일본에 약 400여 건의 작품을 남겼다.

앞에서 다룬 4인의 건축가는 일본과 모더니즘 사이에 어떠한 다리를 놓을지에 대하여 도전하였다. 자신이 태어난 일본이라는 국가와 20세기 초, 세계를 석권한 모더니즘건축을 연결하는 길을 찾기 위해 자신의 인생을 투자하였다. 이 도전의 결과로서 새로운 일본건축이 생겨났고 오늘날 남아 있게 된 것이다. 일본의 문화가 국제화의 커다란 파도 속에 사라져 버릴지도 모른다는 위기감이 그들로 하여금 새로운 일본건축을 만들어내도록 하였다.

그렇다면 왜 레이먼드는 태어난 국가도 아닌 일본을 선택하고 새로운 일본건축을 만들어냈던 것일까? 부인인 노에미(Noémi Raymond)도 일본인이 아니었다. 물론 스승이었던 라이트의 존재가 컸을 것이다. 레이먼드는 프라하대학 재학 중에 미스를 비롯한 모더니즘의 거장들에게 큰 영향을 주었던 라이트의 작품집에 자극을 받고 미국으로 건너가 라이트사무소의 문을 두드렸다. 나중에 도쿄제국호텔 프로젝트의 담당자로서 도쿄에 체재하였고, 완성 전인 1920년에 라이트로부터 독립하였으며, 그 후 전쟁으로 일시 중단되기도 하였지만 50년 이상 일본과의 관계를 이어갔다.

그를 일본에 머물게 하고 일본과 연결을 유지한 것은 한마디로 말하자면 바우하우스에 대한 적개심이었다. 바우하우스적인 것, 독일적인 것에 대한 적대감이 있었다고 느껴진다. 그리고 전후의 미국은 바우하우스, 즉 독일적인 것과 깊은 관련이 있다. 레이먼드는 바우하우스적인 미국을 거부하고 일본에 머물며 일본건축에 새로운 페이지를 추가하였다.

레이먼드의 바우하우스 비판

　모더니즘건축이라고 한마디로 표현하지만, 거기에는 두 가지가 있다. 하나는 코르뷔지에가 선도한 프랑스적인 것이고 또 하나는 독일에 설립된 새로운 디자인학교 바우하우스가 선도한 독일적인 것이다. 그러나 인습에 사로잡힌 양식건축을 기능적이고 경제적인 「정의로운 모더니즘건축」이 구축한다고 보는 일종의 정통사관(휘그사관)이 열광적으로 지지를 받았던 20세기 전반의 미국에서는 프랑스식, 독일식 등으로 분류하여 미묘한 뉘앙스의 차이를 밝혀내려고 하는 사람은 아무도 없었다. 정의로운 싸움이 한창인 중에는 작은 차이는 망각되고 마는 것이다.

　그러나 이 혁명의 열광이 한창 진행 중이던 때에 레이먼드는 정의로운 폭풍의 중심지인 뉴욕근대미술관(MoMA)에서 당당히 바우하우스 비판을 주제로 강의를 진행하였다. MoMA는 미국의 모더니즘건축 수입에 있어서 중심적 역할을 담당하였다. 이 미술관은 문화시설인 동시에 경제적으로나 정치적으로도 미국의 중심에 있었으며, 국가의 방향성 나아가서는 세계의 방향성을 결정함에 있어서 중요한 기관이었다. 유럽의 미술관과는 완전히 달라서 거대한 국가적 사명을 안고 있었다.

1929년 설립된 MoMA는 1932년의 모던아키텍처전으로 우선 미국 전역에 모더니즘건축의 엄청난 붐을 일으켰다. 이어서 1938년 바우하우스전에서 MoMA는 이 붐을 더욱 확산시키고 사회적으로 거대한 파장을 불러일으켰다. 바우하우스는 1919년 바이마르공화국하에서 설립되었는데 1933년 그해 정권을 장악한 나치에 의해 강제로 폐쇄되었다. 당시 교장이었던 미스 반 데어 로에는 미국으로 피신했다. 그가 미국에 가져온 유리 커튼월건축은 20세기 미국건축의 제복처럼 대표적 빌딩의 모습이 되었고, 이는 더욱 확산하여 20세기 전세계 도시건축의 전형으로 자리잡았다. 이 과정에서 미스의「안내인」으로서 중요한 역할을 맡은 인물이 건축가 필립 존슨이었다. 필립 존슨은 당시 MoMA의 큐레이터였으며, 바우하우스전의 기획자이기도 했다. 존슨은 친밀한 관계이면서 자신이 지원하고 있는 미스가 구현하는 바우하우스적인 것이야말로 모더니즘건축의 중심이라고 생각했고 이를 세계를 향해 홍보할 필요가 있었다. 그러기 위한 바우하우스전이었다.

전시회의 이벤트로서 강의 시리즈가 기획되었고, 전쟁

중이라 미국에 돌아와 있던 레이먼드에게도 요청이 들어갔다. 일반적이라면 바우하우스에 대하여 좋은 인식을 심어서 띄우기 위한 강의가 되어야 했을 것이다. 그러나 레이먼드는 여기에서 철저히 바우하우스를 비판하였다. 바우하우스건축이 얼마나 비인간적이며, 30년 전 라이트가 제안한 오피스빌딩의 수준을 전혀 넘어서지 못하였다고 단죄하였다. 분위기 파악을 못하고 장소를 잘못 잡은 이 강의는 사람들을 경악하게 하였다.

이 비판의 배후에는 체코 보헤미아의 시골에서 태어나 자연 속에서 자란 레이먼드의 개인성이 있다. 레이먼드는 공업적이고 차가우며 딱딱한 바우하우스적인 것에 대한 반감이 있었음에 틀림없다. 그리고 동시에 레이먼드가 유태인 출신이라는 점도 깊이 관련되어 있을 것이다. 이미 독일의 유태인 차별과 학대는 시작되었다. 그의 친족 중 상당수가 죽음을 당했다. 그 개인적인 사정이 독일에 대한 강력한 적대감을 갖게 되었을 것이다. 그는 일본에서 일시 떠나 미국에 체재 중일 때 일본의 도시를 효과적으로 파괴하는 미국공군의 실험에서 중심적인 역할을 맡았다. 일견 납득하기 어려워 보이는 일본에 대한 배신이라고도 할 수 있는 행동도 당시 나치의 동맹국이었던 일본에 대한 유태인으로서의 적대감의 결과라고밖에 이해할 수 없다.

이 바우하우스적인 것, 또는 독일적인 것에 대항하기 위하여 그는 바우하우스의 수장이었던 미스를 추앙하는 미국을 떠나 일본으로 돌아왔고 이후 일본에서 계속 살았다. 일본이라고 하는 장소, 일본이라고 하는 「무기」를 선택한 것이다. 전쟁 이전 일본에 체재하던 중에도 그는 일본이 그 정도의 가능성을 가지고 있음을 발견하였다. 그런 생각을 이미 가지고 있었기 때문에 제국호텔 준공 3년 전이라고 하는 미묘한 시기에 라이트사무소를 그만두고 스스로 도쿄에 사무소를 설립한 것이라고 생각된다. 자연의 중요함을 큰 목소리로 떠드는 라이트보다도 아무렇지도 않은 듯 자연스러운 것, 훨씬 인간적인 것이 일본이라는 장소에 있다고 그가 깨달은 것이었음에 틀림없다.

제재목의 목조와 자연목의 목조

바우하우스전 이후로 미국은 더더욱 레이먼드가 바라

지 않는 방향을 향해 달려갔다. 독일인인 미스는 「신」으로서 군림하였고, 마찬가지로 바우하우스에서 중심적인 역할을 맡았던 발터 그로피우스는 하버드대학 건축학과 학과장으로서 오랫동안 미국건축계의 중심적 포지션에 있었다. 유리벽 타워는 증식을 계속하여 미국만이 아니고 전 세계가 유리벽 타워로 채워지게 되었다. 미국에는 레이먼드가 돌아갈 곳이 없었다. 그렇기 때문에 그는 일본에서 일본을 더 파보는 것에 도전하였다. 그 결과 그는 많은 것을 얻었다. 그리고 동시에 일본도 많은 것을 얻게 되었다.

레이먼드로부터 일본이 얻은 것 중에는 두 개의 보물이 있다. 하나는 자연상태의 목재이다. 일본건축에서 자연상태의 목재를 그대로 쓰는 사례가 없었던 것은 아니다. 간단히 정리하자면 일본의 목조건축에는 톱으로 나무를 베어 제재하는 목재를 사용하는 목조와 자연상태의 나무를 그대로 사용하는 자연목의 목조, 이렇게 두 계통의 목조가 있다. 자연상태의 목재를 지면 위에 경사지게 세우고 서로 지지하도록 하여 구조부를 만든 후 그 위에 풀로 지붕을 덮어서 건축을 만드는 조몬(繩文)시대의 수혈식(竪穴式)주거는 자연상태의 목재를 사용하는 목조건축의 원형이었다. 자연목의 목조는 대지와 연결되어 있고, 한 그루의 자연목은 자신이 수목 그 자체이므로 삼림의 기억과 연결되어 있다.

그러다가 대륙에서 제재목을 사용한 목조, 즉 금속을 사용하여 자연목으로부터 자연을 빼앗는 문화가 들어오게 되었다. 제재목 목조는 일본의 서쪽으로 들어와 첨단 기술과 권력을 상징하였다. 이세진구는 그러한 의미에서 제재목 목조, 즉 권력의 목조이며 대륙의 목조로서 극히 세련된 형태를 보여주고 있다.

그러나 자연목의 목조가 사라진 것은 아니었다. 민중은 자연목을 계속 사용하였고, 민가는 계속 자연목으로 지어지고 있었다. 이 자연목에 최초로 관심을 가진 근대인이 센노 리큐였다. 해외와의 교류를 추진하는 상인이기도 했던 그는 민중을 주역으로 하는 새로운 시대가 도래할 것이라는 것을 예측하고 그 민중을 위한 「작은 집」에 쇼인즈쿠리의 제재목 중심을 비판하기라도 하는 것처럼 자연목을 도입하였다. 센노 리큐의 디자인을 발전시킨 수키야즈쿠리에서는 자연목의 원형을 남기면서 일부만을 제재하는 멘가와바시라가 채용되었고 연마자연목이나 자연목처럼 보이게 가공하는 시보리마루타(絞り丸

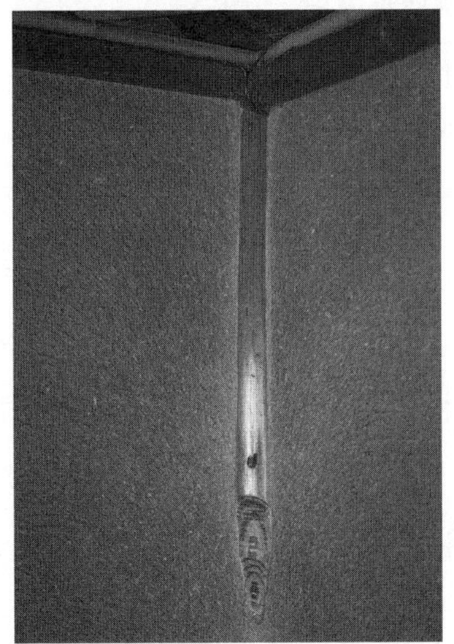

그림 30 유인(又隱)의 요지바시라(陽枝柱)

216

太)[8]를 도코바시라(床柱)[9]로 사용하거나 자연목이 토벽 안으로 사라지는 요지바시라(陽枝柱, 그림 30)라고 불리는 표현도 좋아하였다. 수키야즈쿠리는 자연목과 근대의 접속이었다.

민예운동과 샬로트 페리앙

물론 민가의 자연목도 없어지지는 않았다. 여기에 다시 빛을 비춘 것은 다이쇼(大正)시대에 시작된 민예운동이다. 메이지의 권력은 대륙을 대신하여 새로운 서쪽, 즉 유럽으로부터 새로운 제재목 문화라고도 할 수 있는 근대적 건축기술을 받아들여 그 권력을 장식하려고 하였다. 단단하고 매끈한 표면을 가진 돌이나 벽돌이 권력자의 건축표면을 덮고 도시 중심부는 새로운 「제재목」으로 덮여졌다. 나무는 너무나도 부드럽고 자연에 가깝다는 이유로 권력으로부터 배제되어 도시의 중심부로부터 서서히 사라지기 시작하였다. 이 「신제재화(新製材化)」라고

---

8) 표면에 종방향으로 쥐어짠 듯한 문양이 있는 원형목재
9) 도코노마(床の間)의 중앙에 서서 공간을 양분하는 기둥

할 수 있는 메이지의 흐름에 대항하여 이견을 주장한 것
이 민예운동이었다고 할 수 있다. 그들은 숯불의 그을음
으로 민가의 지붕은 까맣게 막이 생겼고, 그렇게 까맣게
된 지붕 안쪽의 자연목에 주목하였다. 민예의 미학 중심
에는 검은 자연목이 있었다.

그러나 민예운동은 일본의 건축과는 거의 접점을 갖지
못하였다. 민예가 건축디자인의 흐름에 영향을 주는 일
은 없었고, 민예가 발견한 검은 자연목이 건축의 세계 속
에서 주목을 받는 일도 없었다. 이는 민예가 민가에는 주
목했지만 민중에는 눈을 돌리지 않았기 때문이라고 나는
느낀다. 민예는 당시의 권력에 비판적이었던 엘리트들
이 취미를 누리는 과정에서 생긴 것일 뿐이었다. 취미세
계에 머물러 있는 것은 취미를 깊이 파고들어갈 뿐 바깥
세상과 연결하고자 하지 않는다. 건축이나 경제, 사회,
그 어느 것과도 민예는 접점을 만들지 않았다.

민예의 선도자들은 버나드 리치(Bernard Leach, 1887-
1969)와 같은 서구의 권위에 또 다시 의존하여 민중의 가
장 중요한 구성요소인 여성에 대해서는 거의 무관심이
었다. 그릇은 미라고 하는 기준에 의해 높은 가격으로 거
래가 이루어졌지만, 이 그릇이라고 하는 도구가 오로지

여성들에게 부담된 가사노동의 주역이라는 시점은 전혀 없었다. 민가의 검은 자연목은 찬미하면서도 이 민가가 여성의 잔혹한 노동을 상징하는 우울한 장소라는 것은 그들의 관심 밖에 있었다. 민예는 철저히 남성의 문화운동이었으며, 주요 멤버 중에 여성의 모습은 찾아볼 수 없었다.

민예의 역사에서 등장하는 유일한 여성은 샬로트 페리앙(Charlotte Perriand, 1903-1999, 그림 31)이라고 하는 프랑스의 디자이너이다. 페리앙은 레이먼드와 마찬가지로 일본건축에 커다란 영향을 준 「외국인」이었다. 레이먼드가 일본이라는 촉매를 활용하여 모더니즘을 비판한 것처럼, 페리앙도 또한 1940년이라고 하는 지극히 불안정한 시기에 일본을 방문하여 일본을 촉매로 하여 모더니즘을 다양하게 비판하였다. 그리고 민예의 사람들과도 교류하여 그 남성중심적 미학을 신랄하게 비판하였다.

그녀는 일본을 방문하기 전에 코르뷔지에 밑에서 근무하였는데, 인간 신체에 가장 근접한 상품디자인이라는 영역을 통해 코르뷔지에에 잠재해 있는 남성중심주의를 비판하였다. 그 충동과 갈등 속에서 역사에 남을 만한 부드럽고도 아름다우며 탄력 있는 가구를 디자인하였다.

그림 31 페리앙

그림 32 「페리앙 여사 일본창작전람회 2601년 주택 내부 장비에 대한 하나의 시사, 선택, 전통, 창조」 전시, 도쿄회장

이 비판정신이 전쟁 이전의 일본에서 불과 2년간 체류하면서도 그녀가 민예운동에 접근하도록 하였으며, 남성중심적인 민예를 변화시켰다고 느낀다. 그녀가 1941년에 다카시마야에서 기획한 「페리앙 여사 일본창작전람회 2601년 주택 내부 장비에 대한 하나의 시사, 선택, 전통, 창조」(그림 32)는 민예가 가진 무겁고 어두운 남성중심주의로부터 결별하고 새로운 장인정신을 보여주었다. 그 방향성은 민예의 중심인물이었던 야나기 무네요시(柳宗悅, 1915-2011)에 의해 새롭고 밝은 일본디자인을 탄생시키는 계기가 되었다. 페리앙이라고 하는 촉매가 존재하지 않았다면 일본의 전후 상품디자인의 찬란한 달성은 없었을 것이다. 외국인이면서 여성이기도 한 이중의 외부성

은 일본의 디자인 역사 속에서 중요한 촉매로서 작용하였다. 외부에 의해 일본은 지속적으로 갱신하는 것이 가능해지게 되었다.

체코의 민가와 가설구조물의 자연목

마찬가지로 레이먼드는 수키야의 자연목, 민예의 자연목을 밝고 민중적인 존재로 변신시켰다. 태어나서 자란 보헤미아 지방에서의 목조 민가 체험이 없었다면 레이먼드는 일본의 민가나 자연목도 발견하지 못했을 것이다. 그는 일본의 민가를 정말 그리운 것이라고 느꼈다. 그 그리움이 민가와 자연목을 봉건적이고 남성중심적인 일본으로부터 해방시켰다. 인간이라고 하는 숲에서 생겨난 약한 생물의 유일한 보금자리로서, 레이먼드는 민가를 재발견하였다.

이 숲속 사람의 보금자리를 상징하는 것이 자연목이다. 얇은 가지 위를 어설프게 걸으며 호모사피엔스는 숲속에서 생활하였다. 레이먼드는 이 그리운 기억이 자연목이라고 하는 건축재를 통해서 부활할 수 있다는 점에 주목하였다.

　따라서 레이먼드는 자연목을 결코 고급이며 희소한 재료로서 취급하지 않았다. 수키야 속에서 자연목은 명목(銘木)이라고 불리는 고급품으로서 취급되어, 센노 리큐 이후로 수키야는 그 닫힌 고급화을 길을 꾸준히 걸어온 것이다. 민예의 사람들이 평가한 휘고 틀어진 예술적인 곡선을 갖는 자연목도 숲의 작은 가지와는 정반대로 취미적이며 기분 나쁜 것이었다.

　레이먼드는 완전히 반대의 자세로 자연목에 접하였다. 그에게 있어 자연목은 제재되어 있지 않은 가장 싸고 어디서든 간단히 손에 넣을 수 있는 재료였다. 그가 처음으로 자택(1951, 그림 33)에서 자연목을 가설구조물로 사용했던 때의 에피소드는 자연목과의 관계, 민가와의 관계, 모더니즘건축과의 관계의 본질을 보여주고 있으며 아름답고 감동적이었다.

　레이먼드는 돈이 없었다. 철저히 저비용으로 자택을 건립하기 위해서 그가 선택한 것은 공사현장의 가설구조물에 사용되었던 자연목이었다. 이는 가장 싸고 가장 소박한 재료였다. 이 자연목을 조립해 가면서 그는 작고 섬세한 자택을 완성시켰다. 그는 현대의 민가를 세우고 민

그림 33 레이먼드 자택(1951)

가를 다시 일본에 되돌려준 것이다. 이와 동시에 호모 사피엔스가 그 본래의 보금자리를 겨우 돌려받은 귀중한 순간이었다고 느껴진다.

이는 코르뷔지에나 미스에게도, 그리고 어떠한 모더니즘건축가에게도 없었던 것이었다. 그들도 현대의 민가를 추구하고, 권력을 위한 「거대한」 양식건축을 대신하여 민중의 「작은 건축」을 추구하였다. 그러나 그것을 위해서 준비한 재료는 콘크리트와 철이었다. 세계 어디에서도 쉽게 손에 넣을 수 있는 공업제품이야말로 민가의 소재로서 적합하다고 그들은 생각했다. 그 공업제품으로 만들어진 민가에는 인간의 보금자리가 원래 갖추고 있어야 하는 편안함, 따뜻함, 부드러움이 결여되어 있다. 코르뷔지에가 60대가 되어 남쪽 프랑스 해안가에 4평 정도밖에 안 되는 작은 집을 짓고 그곳에서 여생을 보냈던 것은 극히 상징적인 것이다. 그도 또한 인생의 마지막 장에서는 나무로 만들어진 작은 집에 근접해 갔던 것이다.

그러나 이 작은 집은 자연목으로 외부는 감쌌지만 내부는 베니어판으로 마감하였고, 자연목의 자유는 느껴지지 않는다. 레이먼드의 자연목은 작은 가지와 같이 분절되고 교차하며 공중에서 춤을 추는 듯하다. 훨씬 직접적으로 자연이나 숲과 연결되고 있다. 레이먼드는 일본이라고 하는 장소의 도움을 받아서 자연목을 발견하고, 모더니즘건축가나 일본인도 발견하지 못했던 진정한 민중의 집을 발견한 것이었다.

레이먼드의 자연목에 가장 큰 영향을 받았던 사람은 단게 겐조였을 것이라고 나는 생각한다. 레이먼드는 기둥이나 보를 두 개의 자연목으로 겹치는 유럽의 민가 표현방식을 일본에 가져와 적용하였다. 이 표현은 일본의 목조에는 존재하지 않는다. (그림 34) 중국이나 한반도로부터 일본에 전해진 동아시아의 목조건축의 기본은 겹치지 않고 부재의 위에 부재를 얹어서 중첩시키는 방법이었

그림 34 레이먼드 자택의 내부, 2개의 자연목으
로 겹쳐진 모습이 확인된다.

그림 35 두공(정토사 정토당)

다. 목재의 가공에 공을 들여서 지붕의 하중을 기둥에 전
달하고 크고 화려한 캔틸레버를 실현시켜 왔다.(그림 35)
동아시아의 목조는 권력에 가까운 건물로 발달했으므로
고도의 기술을 발전시켰다. 한편 유럽의 목조는 권력과
는 거리가 먼 민가라고 하는 장소에서 발달해 온 것으로
자연목으로 겹치는 듯한 소박한 기법에 머물렀다. 레이
먼드는 이 민중적인 기법을 일본에 가져왔고 단게의 북
유럽적 성향이 이 부분에 반응한 것이다. 단게의 가가와
(香川)현청사(1958)와 겹쳐지는 보(그림 36)는 유럽의 민가에
서 유래한 것이다.

그림 36 가가와현청사(부분)(단게 겐조, 1958)

레이먼드의 경사

레이먼드가 일본에 가져온 또 하나의 보물은 경사디자인이다. 가루이자와(輕井澤) 여름집(1933, 그림 37)의 디자인 표절 문제는 레이먼드 인생에 있어서 가장 중요한 에피소드였다. 코르뷔지에가 잡지에 발표된 이 디자인을 보고 직접 자신이 설계했던 아르헨티나의 에라수리스 저택(1930, 그림 38)과 똑같다고 레이먼드에게 항의하였다. 나비형 지붕이라고 불리는 경사지붕은 분명 닮아 있다. 내부공간의 주역인 경사슬로프도 닮아 있다. 경사 자체가 이 두 주택을 연결시키는 기본적인 건축언어이며, 레이

그림 37 가루이자와 여름집(레이먼드, 1933)

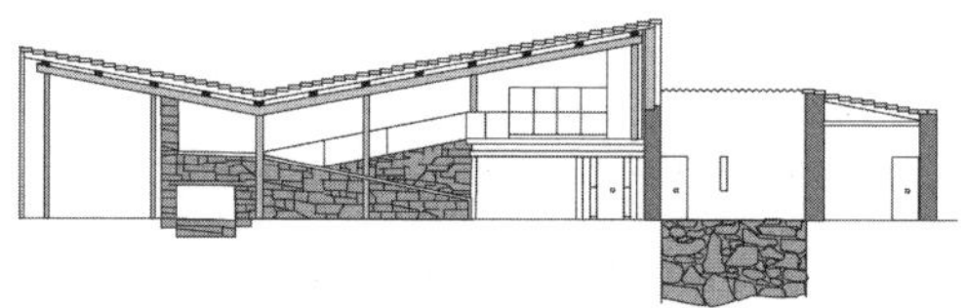

그림 38 에라수리스 저택안(코르뷔지에, 1930)

먼드가 에라수리스 저택으로부터 힌트를 얻었다는 것은 틀림이 없다.

이후 두 건축가의 궤적을 좇아보면 경사디자인에 계속 집착하여 일생동안 개선을 추구한 인물은 코르뷔지에가 아닌 레이먼드였다.

코르뷔지에는 분명 경사디자인의 가능성을 가장 먼저 발견한 건축가였다. 모더니즘건축은 합리성과 기능성을 추구하여 수평의 바닥과 수직의 기둥의 조합을 중요시하였지만, 이 수평과 수직이 잘 엮여서 완성된 디자인으로 나아가는 데카르트적 근대공간 속에서 코르뷔지에는 간혹 경사 요소를 사용하였다. 경사를 가져옴으로써 합리적인 카르테시안(데카르트적) 공간이 인간이라고 하는 생물체가 살아갈 수 있는 공간(巢)으로 전환될 수 있음을 코르뷔지에는 알고 있었다. 빌라 사보아, 빌라 라로슈(1925), 라투레트수도원(1959)의 경사슬로프는 코르뷔지에의 건축에 생기를 부여하고 있다.

그러나 코르뷔지에가 경사디자인을 건축 외관에 채용하는 일은 거의 없었다. 경사지붕을 부정하고 전 세계를 플랫한 지붕으로 덮는 것을 목표로 하는 모더니즘건축가에게 있어서 경사지붕은 자신의 아이덴티티를 파괴할 수도 있는 민감한 기피대상이었다. 한편 레이먼드는 아무렇지도 않게 당당히 그 기피대상을 적극적으로 활용하였다. 가루이자와 여름집의 지붕은 에라수리스 저택보다 훨씬 경사도 높고 보다 자유롭다. 이 자유로운 경사에 의해서 대지와 창공이 이어지고 있다. 어떤 의미에서는 모더니즘이라고 하는 혁명시대에 레이먼드만큼 뚝심을 가진 채 차분하고 묵묵히 본인만의 방향으로 나아가는 자유로운 건축가는 없었다. 레이먼드에 비하면 평지붕에 지속적으로 집착했던 코르뷔지에 등은 소심하고 보수적으로 보인다.

레이먼드의 고향 체코에서 20세기 초엽에 등장했던 큐비즘건축도 레이먼드의 경사를 밀어주는 것이었을지도 모른다. 체코의 큐비즘은 큐브라고 하지만 특이할 정도로 다양한 경사가 강조되는 건축이었다. 체코 민가에 있는 경사지붕에 공업화를 통해 가져온 합리적인 카르테시안 좌표를 체코의 건축가들은 강제로 접합시켰다. 결과로서 큐비즘을 넘어서는 경사주의라고 할 수 있다. 이 경사건축이 레이먼드에게 용기를 주었고 다카사키(高崎)의 음악당(1961)과 같이 자유로운 경사를 활용하는 걸작을 만들어낼 수 있었던 것이다.

체코의 민가가 경사에 의해 지배되었던 것처럼, 경사지붕으로 강우로부터 집을 지키는 일본의 건축도 또한 어떤 의미에서 경사건축이었다. 그러나 근대 일본건축의 원형을 만든 요시다, 무라노 등 앞에서 언급한 건축가들은 경사디자인에 대해서는 매우 신중하였다. 지붕 자체에 경사는 있지만 구배의 자연스런 산물이어야 하는 선의 표현은 교묘하게 건축표현으로부터 배제되었다. 모더니즘에 의한 경사의 기피는 코르뷔지에를 속박했던

그림 39 나다만(なだ万) 본점, 야마다가소(山田花莊, 무라노 토고, 1974)

것처럼 일본의 화풍건축도 속박했던 것이다. 요시다나 무라노의 화풍건축에서도 지붕의 처마 부분은 주로 수평이었고, 경사지붕임에도 불구하고 지붕은 수평선의 집합체로서 처리되었다. (그림 39)

이 기피를 레이먼드라고 하는 「외국인」이 아무렇지도 않게 침범하였다. 가루이자와 별장의 나비지붕, 세인트 폴교회(1935)의 경사선을 기조로 하는 파사드는 「외국인」의 자유가 낳은 산물이었다. 이렇게 레이먼드는 경사를 일본에 가져왔고, 일본건축은 모더니즘 기피 이전에 가지고 있었던 것과 같은 경사의 자유를 다시 획득한 것이다.

필로티에서 사이공간으로

나 자신도 레이먼드의 경사로부터 많은 것을 배웠다. 다카사키에서 건설회사를 운영하는 이노우에 후사이치로(井上房一郞)는 전후의 레이먼드를 지원했던 중요한 후원자였다. 전쟁 이전의 이노우에는 브루노 타우트를 지원하였고, 전후에는 레이먼드를 지원하여 경사가 아름다운 다카사키의 음악당도 이노우에의 지원으로 완성되었다. 내가 아버지로부터 물려받은 타우트의 나무상자도 이노우에가 타우트에게 주문한 것이었다. 이노우에는 고가이쵸(笄町)에 있던 레이먼드의 목조 자택이 마음에 들어서 이를 다카사키의 본인 땅에 레이먼드의 허가를 얻고 복제하였다. 90세가 넘은 이노우에가 나를 자택에 초대해 주었던 그날을 잊을 수가 없다.

목조 주택의 정중앙에 비어 있는 사이공간이 있어서 이 공간을 기준으로 집이 둘로 나뉜다. (그림 40) 이 사이공간에서 이노우에는 타우트와 레이먼드에 관한 다양한 추억을 얘기해 주었다. 이 공간 앞으로 녹음이 펼쳐져 있어 이 1층 주택의 정중앙을 뚫는 사이공간이 매개가 되어 집과 자연을 연결시켜 주고 있다. 사이공간 위쪽은 반투명한 와이어 유리로 덮인 경사지붕이 설치되어 빛을 통

그림 40 이노우에 후사이치로(井上房一郞) 저택의 사이공간

하는 지붕이 매개가 되어 하늘이라는 자연과의 연결되고 있다. 이 공간은 일본건축에서는 존재하지 않는 종류의 공간이었다.

이 사이공간은 서구와 일본의 다양한 건축적 유산이 합체하여 만들어진 새로운 공간이었다. 일단 거기에는 서구가 이집트와 고대 그리스 이후로 갈고 닦은 축선의 개념이 중앙을 관통하고 있다. 축이 가리키는 방향과 주체가 연결되면서 주체는 세상과 접속하게 된다. 단계가 가장 중요하게 생각했던 축선이 사이공간을 만들었고, 사이공간이 나와 정원을 연결시키고 있었다.

더욱이 여기는 기분 좋은 외부공간이었다. 모더니즘 건축이 발명한 필로티라는 이름의 내부와 외부의 경계성 외부공간을 레이먼드는 사이공간이라는 형태로 전환시킨 것이다. 필로티는 모더니즘건축에서 중심이 되는 극히 중요한 발명이며, 코르뷔지에가 가장 집착했던 수법이지만 인간을 위한 공간으로서는 항상 성공적이었던 것은 아니었다. 코르뷔지에가 주장한 것처럼 확실히 대지를 개방하는 역할은 했지만 머리가 숙여질 정도로 낮고 습기가 가득한 필로티 공간은 그렇게 쾌적하지는 않았다. 20세기 후반 반모더니즘 진영이 모더니즘의 비인간성을 공격하였을 때에 필로티는 겨냥하기 좋은 표적이었다.

토방과 사이공간

레이먼드는 필로티라고 하는 경계성 외부공간을 사이공간으로 다시 디자인하여 인간화를 시도하였다. 이 발상의 계기를 만든 것이 일본의 토방이었음을 나는 이노우에 저택에서 깨달았다. 이 사이공간은 농가의 토방처럼 대지와 연결되었고, 게다가 주위의 자연과도 연결되어 있다. 이 불가사의한 양의성을 가져올 수 있었던 것은 그곳이 목조의 가벼운 구조물로 둘러싸여 있고, 다양한 경사의 요소에 의해 주위와 접속하는 기회가 주어지고 있기 때문이다. 경사라고 하는 단어를 떠올리면 바로 이해할 수 있는 것처럼, 경사는 주체와의 접촉을 촉진시키고 주체와 외부를 연결시켜 준다.

다시 한 번 레이먼드는 자연목을 현대에 연결시켜 재정의한 것처럼 토방을 재발견한 것이다. 정확히 말하자면 자연목, 토방 모두 토착적이고 원시적인 것이 보존되어 온 일본이라고 하는 특수한 장소에 오랜 기간 잠들어 있던 보물이었다. 레이먼드는 축선이나 필로티라고 하는 서구적 장치를 힌지로 하여 이 보물을 현대에 되살린 것이다.

레이먼드는 자택에 있는 사이공간을 특별히 사랑했고, 시간이 허락되는 한 계절에 관계없이 이 외부와 내부의 경계성 공간에서 부인과 식사를 즐겼다고 한다. 그가 얼마나 사이공간을 사랑하고 경사가 가져다주는 안락함과 자유를 사랑했는지를 나는 이 장소를 그와 공유하는 경험을 통해 순식간에 깨달을 수 있었다.

　사이공간은 그 후 다양한 장소에 세워지는 나의 건축 디자인 속에서 미묘하게 형태를 바꾸어 가며 전개되었다. 히로시게미술관에서는 중앙에 뚫린 구멍을 통하여 취락과 마을의 산을 연결하였고, V&A 던디뮤지엄에서는 가로와 하천이 건물을 관통하는 구멍(사이공간)에 의해서 연결되었다. 레이먼드를 일본이라고 하는 장소와 연결시킨 것처럼 사이공간은 나를 세계의 다양한 장소와 연결시켜 주었다.

IV. 냉전과 잃어버린 10년, 그리고 재생

일본의 패전과 일본—서양의 균형 붕괴

20세기초, 유럽에서 시작된 모더니즘건축이 놀랄 만한 속도로 세계에 퍼졌다. 각각의 장소에서 각각의 방법으로 모더니즘을 받아들이며 여러 형태의 절충이 나타나게 되었다. 그중에서도 일본에서는 독특한 형태의 절충을 시험하여 풍부한 성과를 낼 수 있었다. 모더니즘건축의 탄생과정에 있어서 일본건축이 큰 역할을 한 것이 그 성과를 낸 것이라고 할 수 있다. 일본건축에서 얻은 많은 힌트가 굳게 닫혔던 서구의 양식건축을 열었고, 가볍고 투명한 것으로 하는 계기가 되었다. 우키요에가 인상파에 영향을 준 프로세스를 연상시키는 흥미 깊은 전환이 건축사에도 일어났다. 콘크리트나 철과 같은 공업재료가 사용되는 모더니즘건축은 목조가 주재료인 일본건축과는 소재면에서 대조를 이루지만, 공간적으로는 일본건축에서 큰 영향을 받았다.

모더니즘건축의 혁명이 일본에 밀려 들어온 것은 일본 입장에서는 자신의 혈연이 해외를 떠돌다가 다시 일본에 돌아온 것과 같은 것이었다. 그러나 이를 인식하고 있던 일본인은 거의 없었다. 일본인은 이를 시대를 앞서가는 눈부신 이물(異物)로 여겼다.

친근했다고 해서 간단히 받아들여진 것은 아니다. 가까운 혈연관계에서 다툼이 자주 일어나듯, 가깝기 때문에 예민하고 어려운 부분이 있었다. 또 전통적인 일본건축의 대부분이 저층건축이었음에도 불구하고 모더니즘건축은 새로운 시대에 등장한 고층건축을 처리하는 유니버설한 시스템을 추구하였다. 이 때문에 착오와 곤란함이 생겼다. 모더니즘건축은 공업화사회가 필요로 하는 2개의 건축, 즉 도시의 고층건축과 교외의 중산계급의 주택에 대응하는 새로운 양식의 건축으로서 20세기를 석권했지만 원래 목조를 기본으로 하는 일본의 전통건축에는 고층건축이라는 발상은 없었다. 이 점이 일본에게는 이질적이고 이물(異物)이었던 것이다.

그러나 돌이켜 보면 공간의 친근성과 볼륨의 차이가 뒤틀림과 긴장을 만들어내고, 그 뒤틀림에 의해 전쟁 전 일본의 다양하고 풍부한 절충적 건축군이 창조되었다고도 할 수 있다. 전쟁 전은 정치, 경제적으로는 불안하고 어두운 시대였지만, 그 어두움 속에서 일본의 전통과 모더니즘의 절충은 수많은 아름다운 꽃을 피우게 했다.

그 상황은 전쟁에 의해 커다란 전환점을 맞이했다. 결정적으로 일본이 패전국이 된 것이었다. 서양과 일본 사이의 균형, 그리고 모더니즘건축과 일본의 전통건축 사이의 균형이 전쟁 전의 문화적 생산성의 기초가 되었다. 그 균형이 무너졌을 때, 일본의 디자인도 마치 당연한 것처럼 변질될 수밖에 없었다. 밸런스를 잃고 망연자실한 상태로 있었던 일본의 건축가들에게 구원의 손길을 내민 것은 승전국인 미국이었다. 정확하게 말하면 승전국 미국이 일본의 전통건축에 새로운 이용가치를 부여한 것이었다. 이는 건축가들의 상상력을 훨씬 뛰어넘는 완전히 새로운 차원의 전통 이용과 활용이었다.

그 계기가 된 것은 내셔널리즘이 주도하던 전쟁 전과는 전혀 다른 세계의 구조, 즉 냉전구조였다. 이 새로운 구조는 미국과 일본의 빠른 화해를 필요로 했다. 미국과 일본은 반공(反共)이라는 목적을 위해 한시라도 빨리 함께 싸울 필요가 있었다. 그리고 화해의 도구로서 일본의 건축적 전통이 이용된 것이다.

종전 후 바로 화해가 시작된 것은 아니었다. 미국은 일본의 부활을 막기 위하여 재벌을 해체하고 중공업을 억압했다. 전통적인 일본문화에도 엄격한 잣대를 적용했는데, 가부키는 일본의 무사도와 직결되는 군국주의적인 예능으로 간주되어 공연을 금지하는 정책과 가부키의 폐지까지 검토되었다. 놀랄 만한 속도로 이루어진 요시다 이소야(吉田五十八)에 의한 가부키자의 재건(1950)은 가부키 철폐에 대한 가부키자 관계자의 위기감이 반영된 것이기도 했다.

그러나 1950년의 한국전쟁 발발로 모든 상황이 급변하였다. 일본과의 화해, 일본의 부흥은 공산주의와의 냉전에 돌입한 미국에게 있어 일각의 유예도 허락되지 않는 긴급한 목표가 되었다. 그렇다면 비극적인 형태로 결렬되고, 철저하게 이질적인 것으로 보이는 미국과 일본 두 나라는 대체 무엇을 계기로 화해할 수 있었던 것일까?

냉전이 불러온, 건축을 매개로 한 미국과 일본의 화해

그때, 미국정부의 중추에 있던 사람들은 일본의 건축 문화에 주목했다. 화해공작의 중심에 있었던 록펠러 3세(1906-1978)는 덜레스 국무장관과 맥아더 총사령관의 조언에 따라 한국전쟁이 시작된 이듬해인 1951년, 대일강화사절단의 문화 및 과학 부문을 이끌고 일찍 일본에 들어왔다. 록펠러에게 조언을 하고 힌트를 준 이는 뉴욕

MoMA의 전설적인 큐레이터였던 아서 드렉슬러(Arthur Drexler, 1925-1987)였다. 드렉슬러야말로 미국, 일본 간 화해의 중심인물이었다. 록펠러 2세 부인이 중심이 되어 설립한 MoMA는 미국문화의 중심적 역할을 하였을 뿐만 아니라 록펠러가를 중심으로 한 재계의 지원을 받으며 종래의 미술관이라는 틀을 뛰어넘는 왕성한 활동을 펼치며 미국의 정치, 경제에 중요한 역할을 했다. 20세기 미국의 번영이 유럽을 넘어설 수 있었던 것은 MoMA없이는 불가능했다고 해도 과언은 아니다. MoMA에서 1951년부터 일했던 드렉슬러는 35년간 MoMA의 학예사로 근무하였고, 그 후 관장을 맡았다. 그야말로 MoMA의 상징, MoMA의 철학을 실현한 인물이었다.

그러나 건축을 공부한 드렉슬러가 세계미술계의 중심에 서 있는 MoMA에 있는 것, 그리고 그 안에서도 중심적 존재가 된 것은 매우 이례적인 일이었다. 건축 명문인 쿠퍼유니언에서 공부하고 육군기술장교로 일본에 체재한 경험도 있는 드렉슬러는 전쟁 당시 일본에 있었던 경험으로 일본의 전통건축 속에서 모더니즘건축과 통하는 합리성과 투명성을 발견하고 건축을 매개로 한 미국과 일본의 화해 가능성을 일찍이 알아차렸다. 이때부터 드렉슬러가 중심적 역할을 하기 시작했다.

일본이 합리성이나 엔지니어링을 인연으로 함께 싸워준 것은 공산주의보다 우위를 점하고자 했던 냉전시기의 미국으로서는 기대조차 하지 않았던 행운이었고, 부흥을 바

그림 1 요시무라 준조(吉村順三)

라는 일본인에게도 행복한 일이었다. 미국은 일본의 비행기산업의 부활에 대해서는 경계했지만, 건축은 어떤 의미에서 보면 가장 안전하고 평화적인 요소였기 때문에 드렉슬러는 일본건축은 디자인으로서도, 산업의 측면에서도 미국과 일본이 화해하는 데 좋은 도구가 될 수 있다고 생각했다.

MoMA에서 건축 분야는 설립 당시부터 여타의 전 세계 미술관들과 비교해도 압도적일 정도로 큰 존재감을 드러내고 있었다. MoMA는 미술관 중에서 건축과 산업디자인 분야의 선구적 역할을 하였으며 건축의 기획전은 종종 큰 화제가 되었고 디자인 역사의 전환점이 되었다. 다시 말하자면 건축과 산업디자인을 중시하는 것은 문

그림 2 송풍장(松風莊, 요시무라 준조, 1954)

화, 경제 그리고 정치를 연결시키는 매우 유효한 수단이며 더 나아가 국력의 성쇠에도 지대한 영향을 미치기 때문이라 할 수 있다. 이를 알아차린 사람들이 MoMA를 만든 것이라 할 수 있다. 드렉슬러는 건축을 중심으로 한 문화, 경제 연합체의 상징적 인물이었다.

1953년, 록펠러 3세와 드렉슬러는 일본을 다시 방문해 가쓰라리큐를 시작으로 일본의 전통건축을 찾아보았다. 1954년, MoMA의 중정에 쇼인즈쿠리의 일본건축 건설이 결정되었다. 원래 록펠러는 일본의 오래된 민가를 해체하여 이전하는 안을 생각했으나 최종적으로는 일본의 젊은 건축가에게 쇼인즈쿠리의 건축디자인을 맡기게 되었고, 그 일에 요시무라 준조(吉村順三, 1908-1997, 그림 1)가

뽑혔다. 색이
바랜 민가보다
는 백목(白木)으
로 만든 청결한
일본건축이 미
국인의 공감을
얻을 것이라고
생각한 것이었
다. 요시무라가
디자인한 현대
의 쇼인즈쿠리

그림 3 광정원(光淨院)

에는 「송풍장(松風莊)」(그림 2)이라는 이름이 붙여졌다. 여
기서 요시무라가 모델로 한 쇼인즈쿠리는 천태종(天台宗)
사문종(寺門宗) 총본산인 시가(滋賀)의 원성사(園城寺), 별칭
삼정사(三井寺)의 경내에 있는 국보 광정원(光淨院, 그림 3)이
었다.

젊은 미국의 상징, 송풍장(松風莊)

송풍장은 모더니즘과 일본의 전통건축의 화해라는 목적에 적절한 소재였다. 우선 하얗게 빛나는 편백나무 목재는 엔지니어링을 기조로 한 미래 미·일의 공동투쟁을 암시했다. 중산층계급이 교외에 잔디를 갖춘 주택을 짓는다는 꿈의 실현이 발전의 원동력이었던 20세기 미국 경제에 있어서 송풍장이라는 이름의 여유롭고 개방적인 「교외주택」은, 새것의 느낌이 나고 멋지지만 조금은 사치스러운, 욕심 낼 수 있을 정도의 세련된 「상품」처럼 보였다.

우선, 쇼인즈쿠리를 모델로 한 것이 절묘한 선택이었다. 미국의 전후 중산층계급의 주택 모델로 헤이안 귀족의 신덴즈쿠리(寢殿造)가 어울릴 리가 만무하고, 금욕적이고 수수한 스키야즈쿠리(數奇屋造)도 소비를 구가하는 새로운 시대의 감성에는 적합하지 않았다. 합리주의를 기본으로 하는 무사들을 위한 새로운 양식으로 탄생하였고, 서열을 없앤 수평적 공간구성을 갖는 쇼인즈쿠리야말로 새로운 시대의 뉴욕주택전시장에 있어야만 하는 것이었다. 규칙적인 기둥간격이 특징적이고, 모더니즘건축의 프레임 구조를 상기시키는 쇼인즈쿠리의 합리적 구조시스템도 엔지니어링을 축으로 한 미국과 일본의 공투(共鬪)를 상징하기에 적합한 것이었다.

그들은 가쓰라리큐에도 당연히 관심을 갖고 있었다. 그러나 가쓰라리큐는 쇼인즈쿠리라고는 하지만 황족(하치조노미야 친왕, 八條宮)의 별장이었고, 소비의 중심인 중산층계급의 「교외주택」 모델로는 적절하지 않았다. 천황을 중심으로 한 일본과 전쟁을 치렀던 기억이 여전히 생생하기도 했다.

얼마나 유서가 깊은가에 대한 관점에서 말하자면 온죠지(園城寺)라고도 불리는 미이데라(三井寺)도 가쓰라리큐에 지지 않는다. 천지(天智)·천무(天武)·지통(持統)의 삼제(三帝)가 산탕(産湯)으로 사용했다고 알려져 있는 영천(靈泉)이 있었기에 후에 「어정(御井)」의 절이라는 이름으로 불리게 되었고, 오츠쿄(大津京)를 조영한 천지제(天智帝)의 유지를 받든 오토모미코(大友皇子)의 아들인 오토모노요타(大友與多) 왕에 의해 건립되었다고 알려진 절의 역사는, 이 절이 일본사에서 차지하는 특수한 포지션을 암시하고 있다. 만약 천황제에서 천지제의 중요한 위치를 미국이 이해하고 광정원(光淨院)을 미·일 화해모델로 선택한 것이라면 이 역사관은 무서울 정도로 전략적이다.

제1장에서 언급한 이시모토 야스히로(石元泰博)의 사진집 「KATSURA」의 계기를 만든 인물도 MoMA가 송풍장을 공개함과 동시에 개최한 일본건축사진전을 위해 촬영을 의뢰한 드렉슬러였다. 「KATSURA」는 일본 전통건축의 세계적 평가를 결정했다고도 할 수 있는 역사적인 사진집이 되었다. 샌프란시스코에서 태어나 시카고 인스티튜트 오브 디자인에서 수학하고, 모더니즘의 미학에 젖어들었던 이시모토 야스히로가 촬영한 가쓰라리큐의 모노크롬 사진은 MoMA에서의 전시 후, 미국 전역을 돌며 단게 겐조(丹下健三)와 모더니즘건축의 거장 중 하나인 발터 그로피우스의 글이 더해져 1960년 예일대학교 출판부에서 간행되었다. 모더니즘건축으로 이어지는 간결함의 미는 세계건축계에 큰 충격을 안겼다.

「KATSURA」에서 이시모토와 바우하우스 출신의 디자이너 허버트 베이어(헤르베르트 바이어)는 경사지붕을 프레임아웃하는 대담한 트리밍을 사용하여 가쓰라리큐를 모더니즘건축으로 「위장(僞裝)」했다. 사진의 농담을 조정하고 원하지 않은 부분은 잘라내는 「위장」은 컴퓨터로 이미지를 처리하는 선례였으며, 그 원조는 코르뷔지에 본인에 의한 「아름다운」 작품집이었다고 전해진다. 이시모토는 미국 모더니즘의 중심지에서 배운 기술을 구사하여 「가쓰라리큐」를 「위장」했다. 모더니즘의 본질이 뺄셈의 미학, 배제의 미학이라 한다면, 코르뷔지에를 필두로 한 모더니스트들에게는 잡음의 배제나 이미지의 정리는 일상적인 작업이었다. 여러 「위장」을 구사하며 「미국과 일본의 화해」를 목적으로 하는 전후의 일본건축 재평가가 시작되었다.

화해가 불러온 일본의 분단

일련의 화해작업을 하는 중에 가장 흥미로운 것은 왜 요시무라 준조였는가에 대한 것이다. 거의 동세대이며 이미 세계적인 지명도가 있었고 모더니즘건축 최대의 이벤트였던 CIAM회의(근대건축국제회의)에도 1951년 초대되었던 단게 겐조(그림 4)가 아닌 요시무라 준조였을까?

일설에 의하면 단게 겐조의 이름을 세계에 알린 데뷔작 「대동아건설 기념 영조계획 설계경기」 1등안(제1장 그림 16)이 영향을 주었다고 한다. 하지만 그보다 결정적이었던 것은 요시무라 준조가 대학을 졸업한 후 가르침을 받

그림 4 단게 겐조

았던 건축가 안토닌 레이먼드의 강력한 추천이었다. 레이먼드는 이 화해를 주도한 드렉슬러와 함께 또 하나의 중심인물이었다. 레이먼드사무소는 마에카와 쿠니오, 요시무라 준조, 그리고 가구디자이너이면서 모더니즘과 일본의 절충에 결정적 역할을 한 죠지 나카시마(1905-1990)를 비롯하여 전후 일본 디자인의 리더를 배출했다.

한편, 레이먼드는 밀리터리 인텔리전트 리저브, 즉 육군첩보 예비역으로 활동하고 1938년부터 1947년까지 미국 체류 중에는 앞서 말한 것과 같이 일본의 도시를 어떻게 효율적으로 파괴할 수 있는지를 목적으로 하는 소이탄(燒夷彈) 개발에도 참가하였다. 전쟁 중부터 전후까지의 미묘한 시기였고, 레이먼드는 미국에서 중추적 역할을 한 존재였다. 이 레이먼드의 추천으로 제자인 요시무라가 특별히 뽑힌 것이었다.

MoMA의 중정 건축(송풍장)을 단게 겐조가 아닌 요시무라 준조가 설계했다는 것은 이후 일본건축의 나아갈 길에 큰 영향을 주었다. 송풍장뿐 아니라 록펠러 사저인 포칸티코 힐스(Pocantico Hills)의 집(1947), 미국의 일본문화센터의 역할을 한 뉴욕의 재팬하우스(1971)도 록펠러는 요시무라에게 맡겼다. 요시무라는 미국과 일본의 화해에 큰 공헌을 했지만, 한편으로 일본 입장에서 요시무라의 기용은 다른 큰 분단을 불러왔다고 할 수 있다. 모더니즘과 일본건축은 화해할 수 있는 절호의 찬스를 놓치고 분단은 더욱 심화되었다.

록펠러와 드렉슬러가 노린 것은 일본 전통건축과 모더니즘의 화해였고 이를 매개로 하는 일본과의 신속한 화해였다. 그럼에도 불구하고 그 화해의 중재자로 뽑힌 요시무라 준조의 작품은 MoMA의 중정에 놓인 송풍장을 비롯하여 일본인이 보면 너무나도 일본식인 건물이었다. 미국의 비위를 맞추기 위한 것으로까지 비춰졌다. 대표로 뽑히지 않았던 단게 겐조는 더욱 그렇게 느꼈을 것이다.

단게 겐조의 원한과 전통논쟁

그러한 생각과 불만이 구체적으로 나타나기 시작한 것은 송풍장 완성 이듬해인 1955년 잡지 『신건축』에서 시작된 「전통논쟁」에서였다. 전통논쟁은 전후 일본건축계 최대의 논쟁이었다. 전통논쟁이란 일반적으로 귀족적인 야요이(彌生)파와 토착적인 조몬(繩文)파의 대립이라고 이해하고 있지만 그 본질은 요시무라 준조 비판이며, 미국에 의해 추진된 안이한 전통건축과 모더니즘의 화해와 담합에 대한 비판이있다고 나는 생각한다.[1] 당시 『신건축』의 편집장이었고 추후 메타볼리즘운동을 촉발시킨 인물 중 하나였던 가와조에 노보루(川添登)는 단게의 1949년의 설계경기 당선작 히로시마평화공원을 야요이적인 것, 즉 귀족적이고 여성적인 것으로 간주하며 단게를 도발하였다.

단게는 이에 대해 히로시마 본관의 강력한 필로티는 조몬적인 이세진구를 이미지했고 동관의 주량(柱梁, 기둥과 대들보) 프레임 구조는 야요이적인 가쓰라리큐를 이미

---

1) 일본건축의 전통논쟁에 있어서 가장 중심적인 대비구도가 조몬(繩文)과 야요이(彌生)였다. 조몬을 대표하는 시라이 세이이치(白井晟一)와 야요이를 대표하는 단게 겐조(丹下健三)라고 하는 대비구도는 일본건축의 전통을 설명하기 위한 좋은 소재였고, 이를 통해 다양한 논의가 될 수 있었다는 점에서 좋은 기획이었다고 할 수 있다. 하지만 조몬시대와 야요이시대가 실제로 토착과 외세의 유입으로 대변될 수 있는 시대인지에 대해서는 역사적 고증은 부족했다는 한계도 내포하고 있다.

지했다고 하였다. 대립적인 것에 대한 지양을 통해 새로운 것이 만들어진다는, 당시 유행했던 변증법 논리를 그 후 단게는 반복적으로 활용하였다. 그리고 나서 당시 단게는 「아름다운 것만이 기능적이다」라는 유명한 말을 남겼다. 이는 「기능적인 것은 아름다운 것이다」라는 모더니즘의 기본 테제를 대담히 반전시킨 것으로, 기술을 비롯하여 기능적인 것을 축으로 한 미국과 일본의 화해공작에 대한 근본적인 이의제기이기도 했다.

히로시마평화공원은 디자인적으로나 정치적으로나 요시무라 준조의 뉴욕 화해와는 대조적이었으며 패전 이후 시대에 일본의 분단과 모순을 날카롭게 도려내었다. 송풍장이라는 계획된 화해에 비해, 히로시마평화공원은 원폭을 잊어서는 안 된다는 메시지를 내포하고 있었다. 원폭돔과 공원을 강한 축으로 연결한 디자인은 계획부지와 부지 바깥의 랜드마크를 연결한다는 의미에서 획기적이고 참신했다. 하지만 단게는 20세기의 「승자조」인 미국에 대해 여전히 원한을 가지고 있었고, 또 원래 북방적이고 변경적(邊境的)이었기에 그러한 단게의 핵심과도 이어져 있다. 그리고 그 근저에는 스스로의 히로시마 체험이 있었다.

옛 히로시마고교에서 공부하며 청춘의 자유를 만끽한 단게에게 있어서 히로시마는 특별한 장소였다. 전쟁이 끝나고 얼마 지나지 않아 이마바리(今治)에 사는 아버지의 부음을 들은 단게는 이마바리로 향하는 도중 히로시마 괴멸 소식을 들었다. 겨우 도착한 이마바리도 같은 8월 6일 공습을 받았고 어머니까지 잃게 되었다. 전쟁과 미국이 단게에게서 모든 것을 빼앗아갔던 것이다.

그로부터 얼마 지나지 않아 단게는 스스로 자원하여 히로시마로 가서 부흥계획 입인에 종사했다.

나는 솔선해서 히로시마를 담당할 수 있게 해 달라고 했다. (중략) 풀 한 포기도 자라지 않을 것이라는 소문이 돌았지만 내 몸이 바스러진다 하더라도 헌신하겠다는 생각으로 히로시마행을 지원했다. 즐거운 고교생활을 보냈던 곳이었고 동시에 내 부모를 거의 동시에 잃은 그 당시에 큰일을 겪은 땅이었다. 뭔가 큰 인연이라는 것을 느끼지 않을 수 없었다.

(丹下健三,『한 자루의 연필에서(一本の鉛筆から)』, 日本經濟新聞社)

이 강력한 마음이 1949년의 설계경기 1등안에 담겨서

심사위원의 마음을 사로잡았음에 틀림없다. 유태인인 레이먼드가 독일을 절대 용서하지 않고 반바우하우스적 모더니즘을 추구하고자 했던 것과 마찬가지로 단게도 미국을 용서할 수 없었을 것이라고 나는 생각한다. 세계적인 단게라고 불리며 활약했던 단게이지만 미국에서의 작품은 매우 적다. 반독일적인 레이먼드의 제자였던 요시무라가 설계한 송풍장과 반미국의 단게가 설계한 히로시마평화기념공원이 태평양을 낀 양쪽 대륙에서 동시에 생겨났다.

토착의 조몬 vs 미국의 야요이

단게를 도발하기라도 하는 듯 당신은 조몬인가 야요이인가라는 질문이 던져졌다. 이 질문 근저에는 미국과 안이하게 화해한 요시무라의 고상식(高床式)은 야요이적이라는 전제가 있고, 필로티로 고상식을 구현한 단게의 히로시마평화기념공원도 또한 야요이적이며 친미적이지 않은가라고 하는 힐문이 잠재해 있다.

타우트가 전쟁 전에 제시한 이항대립(가쓰라리큐와 이세진구 vs 도쿄구, 즉 모던하고 원형적인 왕조문화 vs 저속하고 후발적인 무가문화)은 이 전통논쟁 속에서 완전히 무효가 되었다. 이는 「토착적이고 원형적인 조몬문화(조몬토기, 이세진구)」 vs 「섬세하고 후발적인 야요이」라고 하는, 보다 근원적인 이항대립으로 교체되었다. 더이상 왕조와 무가가 일본이라는 작은 무대에서 대립하는 것이 아닌, 토착적인 것과 미국적인 것이 세계라는 큰 무대 위에서 대립하는 시대가 온 것이다.

이 논쟁에서 야요이 측은 방어에 정신이 없었고, 대신에 시대의 주목을 모은 이는 조몬의 대담한 조형으로 알려진 건축가 시라이 세이이치(白井晟一, 1905-1983)와 아티스트 오카모토 타로(岡本太郎, 1911-1996)였다. 이 둘은 유럽에서 함께 공부하며 유럽의 선진적 지식을 받아들였기 때문에 그러한 시점에서 미국적인 것, 즉 야요이를 비판하고 화해를 촌극이라며 부정하였다.

조몬이 우위라고 여겼던 것은 전통논쟁이 시작된 1955년이라는 미묘한 시기와 깊은 관계가 있다. 미국과의 화해를 추진 중이었던 일본은 이미 한국전쟁으로 특수를 누리기 시작했고 전후 고도성장의 기세가 본격적으로 시작되고 있었다. 많은 경제학자들은 일본의 고도성장을

1954년부터 1973년까지로 정의하지만, 1955년의 일본은 송풍장으로 상징되는 것처럼 단순히 우아하기만 한 나라가 아니었고, 모더니즘의 합리성과 투명성을 조용히 뒤좇기만 하는 국가도 아니었다. 한국전쟁의 특수를 기회로 일본은 독자성을 갖는 힘세고 씩씩한 국가로서 세계로 나아가기 시작했다.

가속을 시작한 전후 시대의 역동성 속에서, 그 근본에 있었던 반미적 단게의 건축은 더욱 조몬의 색을 강하게 띠며 대담한 방향으로 진화하였다. 동시에 조몬적 기질이 더 강한 단게의 두 제자, 이소자키 아라타(磯崎新, 1931-2022)와 구로카와 기쇼(黑川紀章)가 등장했다. 이들의 콘크리트로 만들어진 위세 좋은 건축은 고도 경제성장 시대에 섬세한 고민과 변증법에 의해 흔들려 온 단게의 건축 이상으로 강한 존재감을 발휘하게 되었다. 조몬은 환경과 걸맞지 않는 콘크리트조 심볼릭 건축을 정당화하기 위해 꾸준히 사용되었고, 직육면체의 상자형건축에 대한 면죄부가 되었다.

조몬에 대한 관심의 집중은 역설적으로는 일본의 전통문화에 대한 관심을 흐리게 했다. 요시무라 준조의 야요이적인 것은 일본의 본질과는 동떨어진 후발적인 것으로 간주되어 국내에서는 요시무라의 존재감이 옅어지는 것은 물론, 송풍장과 같은 목조의 섬세한 표현 자체를 부정적인 시선으로 보기 시작했다. 이로부터 송풍장과 같은 것은 모두 「화풍(和風)」이라는 특수한 틀 안에 가두려 하는 움직임이 생겼다. 조몬이라는 국수주의적이며 위세 좋은 구호가 결과적으로 일본인의 전통에 대한 의식과 관심을 약하게 하고, 모더니즘과 전통의 분단을 깊어지게 했다고 할 수 있다.

이후 경제성장의 속도와 비례하여 일본건축계나 일본 사회도 분단되기 시작했다. 그러한 의미에서 「전통논쟁」은 결과적으로 건축계를 전통으로부터 단절하였고, 전통을 우리에게서 멀어지게 하여 골동품화, 사체화시켰다.

이 분단 속에서 유일하게 단게만은 양극 사이에서 계속 흔들리고 헤매고 있었다. 고도성장기 다이나믹한 물결의 리더로서 단게는 전후의 건축계를 이끌어 나갔다. 그러나 이렇게 반짝거리는 리더였던 단게는 끊임없이 고민을 지속했다. 히로시마평화기념공원에서는 조몬적 필로티와 야요이적 라멘 구조 사이에서 헤맸다. 전쟁 전의 「대동아건설 기념 영조계획」은 산업혁명이 늦어졌던 독일이나 유럽 북방으로부터 배운 대지의 디자인과 산업혁명의 승자조를 상기시키는 코르뷔지에적이고 구축적인 조형 사이에서의 고민이었다.

그러나 고민이 단게의 건축을 약하게 하지는 않았다. 오히려 고민이 단게의 건축을 풍부하게 만들었다. 고민이 불러일으킨 절충성은 단게 건축의 폭을 넓혔고 전후라는 다이나믹한 혼란 속에서 계속해서 빛나게 하였다. 속으로는 많이 고민하며 외면적으로는 고민을 변증법으로 치환해 가는 것으로 단게는 여러 겹으로 뒤틀린 시대를 견인하였다.

단게의 자택―궁극의 화양절충

그 고민을 상징하는 사건이 바로 단게 자신이 설계한 세이조가쿠엔(成城學園) 옆 자택(1953, 그림 5) 철거라고 하는 작지만 큰 드라마였다.

단게 자택은 매우 흥미로운 「화양절충 건축」이었다. 모더니즘의 왕도를 걸었다고 생각되는 단게가 「화양절충」을 시도했다고 하면 위화감을 느끼는 사람이 많을 것이다. 하지만 이 잊힌 명작은 훌륭한 「화양절충」이었고, 모

그림 5 단계의 자택(1953)

더니즘건축이라는 서구에서 시작된 신디자인과 일본 고유의 장소를 어떻게 접목시킬까에 대한 커다란 과제에 가장 신중하고 성실한, 그리고 어떤 의미에서는 세련되지 못한 해답이었다.

우선 단게는 지면에 주목했다. 세이조가쿠엔역 앞 300평이나 되는, 일본 주택으로는 넓은 부지를 손에 넣은 단게는 벽을 세우지 않고 인공산을 만들어 대지를 나누었다.(그림 6) 단게는 건축이라는 구축물을 디자인하기 전에 건축물이 놓이게 될 부지를 어떻게 디자인할지, 어떻게 정의할지를 고민하였다. 여기에 단게만의 독특한 북방적, 비구축적 방법의 핵심이 있었는데 자택에 있어서도 그 북방성은 그대로 발휘되었다. 그렇게 주의 깊게 디자인한 물결치는 대지 위에 아주 얇고 가벼운 면으로 디자

그림 6 단계 자택 앞의 인공산

인한 한 장의 바닥이 부유한다. 바닥은 목조의 필로티로 지지되었으며 물결치는 대지 위에 떠 있다.

만약 콘크리트 필로티였다면 필로티의 기둥 자체가 하나의 표현이 될 수밖에 없었을 것이다. 그러나 얇은 목조 기둥으로 지탱함으로써 기둥은 사라지고 가벼움만 남길 수 있었다. 히로시마의 본관과 같이 조몬적으로 만들 것인지 동관과 같이 야요이적으로 만들 것인지에 대한 질문에 단게는 목조라는 제3의 답을 준비했다. 기둥의 존재감을 지움으로써 조몬도 야요이도 아닌, 이것들을 초월하여 궁극으로 얇은 바닥만을 대지 위에 띄운 것처럼 보이게 한 것이다.

자택이라는 프라이빗한 장소에 단게는 자신의 북방성

을 극한까지 쏟아부었다고 할 수 있다. 이 방법은 가쓰라
리큐로부터 힌트를 얻었다고도 보인다. 이시모토의 가
쓰라리큐 촬영에 동행한 단게는 자신의 라이카 카메라
로 가쓰라리큐를 구석구석 찍었다. 단게 사후 공개된 컨
택트시트에서 「진(眞), 행(行), 초(草)」와 같은 부석(敷石)이
나 「아라레코보시」라는 돌바닥으로 대표되는 가쓰라리
큐의 랜드스케이프에 대한 흥미를 엿볼 수 있다. 이 대지
에 대한 관심, 북방성은 자택의 실내에도 철저히 드러난
다. 그 기둥으로 지지하고 있는 얇은 바닥은 다타미이다.
구축성을 지우고 대지와 신체의 관계에 건축을 환원하고
자 한 단게의 북방성은 다타미와 같은 부드러운 「지면」
과 신체의 농밀한 관계로 실내를 환원하였고, 그 외의 요
소를 모두 배제하였다.

이 환원 작업을 얼마나 철저하게 했는지는 참으로 놀
랍다. 다타미방의 일부를 이타다타미(板疊)[2]로 만들어 그
대로 물건을 놓을 수 있는 테이블로 사용되었고, 얇은 철
제 다리로 된 의자와 방석이 다타미 위에 직접 놓여 있었
다. 단게의 북방성은 존재감 있는 구축적인 가구를 일절

---

2) 다타미가 깔린 방에서 일부만 일부로 판재를 바닥재로 하여 다타미와 판재가 접
하고 있는 경우, 이 판재를 이타다타미(板疊)라고 한다. 방 전체가 판재 바닥인 경우에는
별도로 이타다타미라고 칭하지 않는다.

거부하고, 동시에 전근대적인 「화풍(和風)」으로의 회귀도 거부하였다. 명장자(明障子)를 사용하고 그 위에 붙인 프레임이 없는 유리로 된 「란마(欄間)[3]」도 거절의 산물이었다. 그 거절의 틈에서 긴장감이 가득한 「화양절충」이 생겨났다.

재미있는 것은 여기서 기둥의 리듬에 맞춰 두 종류 사이즈의 다타미가 사용된 것이다.(그림 7) 작은 다타미는 욕실 주변이나 수납에 대응한 4척을 기준으로 한 사이즈였고, 단게와 마찬가지로 북방적이었던 센노 리큐(千利休)가 고안한 다이메다타미(台目疊)[4]를 연상시켰다.

잡지에 발표된 사진과 단면도를 주의 깊게 비교해 보면 더욱 기묘한 것을 발견할 수 있다. 단면에는 완만한 구배의 지붕이 있는 것은 틀림이 없는데, 사진에서는 지붕의 구배가 일절 보이지 않는다는 점이다. 단게가 서문을 적은 이시모토의 사진집 『KATSURA』에서 지붕이 찍히지 않은 것처럼 자택에는 아래에서 찍은 사진만을 사용하여 지붕이 「소거」되어 있다. 게다가 경사지붕이 찍힌 건물 측면(건물을 옆에서 보았을 때 지붕과 직각으로 되어 있는 부

---

3) 천정과 상인방 사이에 설치되는 통풍 외에 개폐 기능은 없는 장식창이다. 주로 장지문 위에 설치된다.
4) 주로 다실에서 사용하는 다타미로, 일반적인 다타미의 3/4의 크기이다.

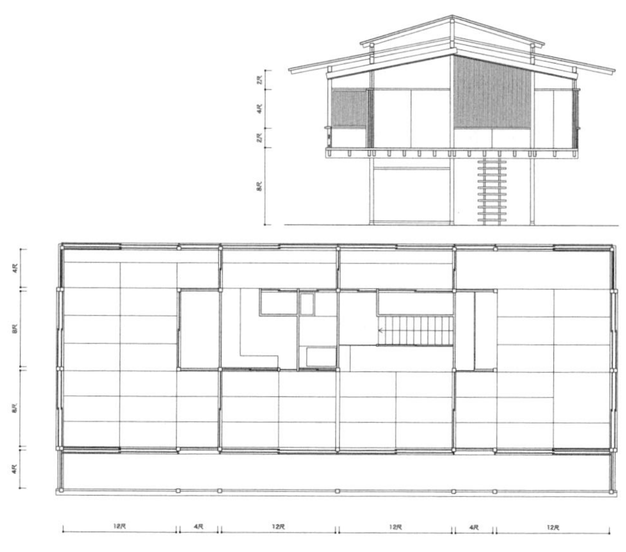

그림 7 단게 자택의 단면도, 평면도

분) 사진은 공표하지 않음으로써 철저하게 지붕의 형태를 은폐하였다.

천정 또한 기묘하였다. 일본의 전통건축은 기본적으로 보 위에 동자주를 세워서 강성(剛性)이 높은 일종의 와고야(和小屋)라 불리는 스페이스프레임을 만들었다. 단게는 여기서도 이 와고야가 풍기는 「화풍(和風)」을 거부하고, 「노보리하리(登り梁)」라 불리는 서구적인 경사보를 사용하였다.

그림 8 사오부치 천정(竿緣天井)

　천정을 설치하지 않고 노출하는 것으로 노보리하리라는 구조의 참신함을 볼 수 있는 자연스러운 해법이라 여긴 레이먼드는 당연히 그리했으나, 단게는 거기서 천정을 붙여 구조를 보이지 않게 했다. 천정을 붙이는 것은 와고야의 번잡한 골조를 감추기 위한 전형적인 화풍(和風) 수법인데, 중국의 목조는 일본 목조의 원형임에도 불구하고 기본적으로 천정은 붙이지 않고 골조를 드러낸다. 단게는 서양과도, 일본과도, 중국과도 거리를 두었다. 게다가 단게의 천정은 사오부치 천정(竿緣天井)[5]이라 불리는 매우「일본적인」것이었다.(그림 8) 이 사오부치 천

---

5)　천정 반자의 청판을 비늘판 형태로 겹쳐서 배열하여 사오부치라고 하는 반자틀에 고정한 형태의 천정

정은 놀랍게도 보통 서까래를 사용하여 마감하는 외부의 처마 밑까지 연결되어 있다. 결과적으로 미스의 유니버설스페이스를 연상시키는, 안팎에 걸쳐서 연속되는 추상적인 천정면을 사오부치 천정을 이용하여 만들어냈다. 게다가 미스와는 달리 이 천정면에는 경사가 있다. 단게는「경사가 있는 유니버설스페이스」를 발명한 것이다. 외부로 크게 내민 처마를 받치고 있는 것은 레이먼드를 통해 일본에 도입된 서양 민가의 목조 프레임 방식이었다.

자택 철거와 일본과의 결별

「화풍」에 물들지 않고 모더니즘을 꿰뚫는 통찰을 하면서, 하물며 서구적이고 구축적인 모더니즘을 넘어서고 싶다고 하는 야망적이면서도 모순적인 면으로 가득 찬 단게가 이렇듯 어떤 의미에서 쓸모 없고 전례가 없는「화양절충」을 탄생시킨 것이다.

그런데 단게는 그 이후 이 시도를 계속해 가지는 않았다. 솜씨 좋게 바닥을 위로 띄우고 구조물의 소거를 가능하게 한 목조라고 하는 섬세한 시스템에도 왜인지 그 뒤

그림 9 국립요요기경기장(단게 겐조, 1964)

로는 거의 흥미를 표시하지 않았다. 1964년 도쿄올림픽의 주요 시설이 된 국립요요기경기장(그림 9)이라고 하는 일생일대의 건축을 완성시킨 이후, 단게는 자택에 머물면서 좁고 여유가 없어진 자택의 개수 및 증축에 대한 옵션을 혼자서 검토하고 다수의 스케치를 남겼다. 이 스케치는 단게가 얼마나 고민하는 인간인지, 얼마나 인간생활이라고 하는 것에 대하여 섬세한 감성을 가지고 있는지 알려주는 것으로 감동받을 수밖에 없다.

그러나 결국 증개축은 하지 못하고 1974년에 철거되고 단게는 미타(三田)에 있는 콘크리트 맨션으로 이사했다. 이 목조에서 콘크리트로의 이사는 단게의 이혼사정 등도 관련되어 있어 복잡했지만, 자택의 철거는 단게라고 하는 건축가의 결단, 정확히 말하자면 단념을 상징하는 것이고 동시에 하나의 시대가 막을 내렸음을 의미하는 것처럼 나는 느껴졌다.

1958년, 이소자키와 구로카와 등과 더불어 포스트 단게 세대의 기수이며 구로카와, 마키 후미히코(槇文彦, 1928-2024)와 함께 메타볼리즘운동을 추진한 기쿠타케 기요노리(菊竹淸訓, 1928-2011)의 자택 스카이하우스가 완성되었다. 이는 기쿠타케에 의한 일종의 단게 저택 비판이며, 두 저택을 비교해 보면 다양한 의미에서 시대의 큰 전환이 느껴진다.

우선 양자는 모두 필로티로 1층을 개방한 「공중주택」이었다. 또 위층인 2층은 일본의 전통식 쇼인즈쿠리를 상기시키는 개방적인 1실 공간으로 구성하려고 했다는 점도 이 두 집의 공통점이다.

그러나 이 공간의 인상은 완전히 다르다. 기쿠다케는 이전에 단게 저택을 방문하여 「비좁고 불편해 전혀 좋지 않다」라고 감상을 남겼다. 「비좁음」을 해소하기 위해 기쿠다케는 주택에서는 생각하기 힘든 콘크리트기둥으로 건물을 띄우고 HP 쉘 구조라 불리는 최첨단 콘크리트 구조시스템을 채용하여 위에서 보면 보가 전혀 없는 심플한 대규모 지붕을 만들었다. 단게가 나무라고 하는 약한 소재를 조합하면서 고심에 고심을 거듭하고 망설임에 망설임을 더한 끝에 만든 공간을 기쿠다케는 「비좁다」라고 한마디로 일축해 버리고 콘크리트를 사용하여 「기분 좋은」 대공간을 공중에 부양시켰다.

그러나 학생시절 기쿠타케 저택을 방문했을 때 내 눈앞에는 단게 저택에 있었던 대지를 향한 친절함도, 낮고 화사한 가구와 다타미의 세밀한 대화도 없었다. 콘크리트 필로티는 대지를 유린하고 대공간 속에 푹신한 카펫이 깔려 있고 그 위에 고가의 가구가 번쩍번쩍 빛나고 있었다. 즉 단게에게 있었던 겸손함과 북방성 등 모든 것이 부정당하고 있었던 것이다. 유리벽 고층 오피스빌딩의 중역실에 방문한 것처럼 위화감만 남았다.

동일한 1958년에 또 한 명의 콘크리트 영웅이었던 이소자키 아라타(磯崎新)는 건축잡지 좌담회(『建築文化』1958년 4월호)에서 「소주택 설계 만세」라고 외쳤다. 물론 이는 아이러니로 가득 찬 표현이다. 사는 사람의 생활에 주목하고 때로는 거스르며 작은 주택을 정성스레 설계하고 있는 건축가들에게 미래는 없다고 하는 것이 그 진의였다. 이를 읽은 단게는 어떠한 생각을 가졌을까?

이 작은 목조주택의 철거는 모더니즘이라고 하는 전 세계적 원리와 일본이라고 하는 교유 장소를 연결하고자 하는, 전쟁 이전부터의 다양한 시행에 대한 종지부였다. 일본건축이라고 하는 풍부하고 다양성으로 가득 찬 건축적 전통을 「화풍」이라고 하는 작고 닫힌 상자 속에 가두고 골동화시켜 간 것이다.

조몬으로부터 콘크리트로

모더니즘과 일본과의 분단에는 1950년대 세계의 새로운 상황이 그림자를 드리운 것도 있다. 이는 부르탈리즘 건축이라고 불리는 새로운 디자인 트렌드이다. 계기를 만든 것은 코르뷔지에가 마르세유 교외에 디자인한 유니테다비타시옹(1952)이다. 전쟁 전의 코르뷔지에가 설계한 평평하고 질감이 없는 하얀 콘크리트와는 대조적으로 거친 콘크리트의 외벽, 거목을 상기시키는 두꺼운 필로티기둥 등이 특징적이었다. 코르뷔지에의 이 거친 조몬적 표현은 이후 롱샹교회(1955, 그림 10), 인도의 찬디가르 작품군(1955-1962)을 통해 더욱 완성도를 높여 갔다. 코르뷔지에는 또 다시 시대를 선도한 것이다.

영국의 건축가 스미슨 부부는 1953년 이 흐름을 부르탈리즘이라고 명명하였다. 이는 20세기 공업화사회의 산물이며 상징인 콘크리트라고 하는 소재를 다양한 장소, 다양한 문화로 적합화시켜 지역적 토착화를 위한 새로운 디자인이었으며 콘크리트의 연명책이기도 했다. 공업화의 파도가 세계의 구석구석까지 — 인도의 찬디가르까지도 퍼져 가는 전쟁 이후적 상황에 건축가는 예민하게 반응하여 콘크리트에 거친 야성의 표현을 부여하였다. 조몬은 이 부르탈리즘을 일본식으로 표현한 것이라 할 수 있다.

일본에 있어서 발명된 조몬은 일본과 콘크리트와의 안이한 야합의 다른 이름이었다. 조몬이라고 하는 편리한 키워드를 발명해냄으로 인해 콘크리트는 어떠한 배려도 없고, 어떠한 죄의식도 없이 일본의 섬세한 도시를 파괴하는 것이 허락되었다. 조몬은 일본인을 결정적으로 전통으로부터 멀어지게 하는 계기를 만들었고 이 나라의 풍부한 전통을 망각하기 위한 변명이 되었던 것이다.

표현을 바꾸어 보자면 기둥과 보에 장인으로서의 섬세함과 예술적인 프로포션(비례)을 부여하면서 조합해 가는

그림 10 롱샹교회(코르뷔지에, 1955)

야요이의 수법으로는 고도성장기가 필요로 하는 건축의 대량생산이 불가능했다. 거칠고 뻣뻣한 콘크리트 상자를 조각적 방법을 구사하면서 폭발적으로 확대하고 증식시킨 조몬적 방법이야말로 고도성장기의 일본에 가장 적합한 것이었다. 야요이와 조몬의 사이에서 계속 방황하는 섬세한 감성의 단게 겐조로부터 조몬의 부분만을 계승한 이소자키, 구로카와라고 하는 2인의 제자는 부르탈리즘과 조몬의 힘을 빌려서 1970년대와 80년대 일본건축의 리더로 올라서게 되었다.

이 분단의 상황 속에서도 일본의 전통을 잊지 않으려고 전통에 지속적으로 집중하고자 했던 건축가가 없었던 것은 아니었다. 앞에서 언급한 요시다 이소야는 그 대표적인 존재였다. 고도성장기에는 요시다 같은 건축가들도 충분히 활약할 수 있는 기회와 장소가 있었다. 전통적인 일본집에 살고 싶다고 하는 클라이언트도, 화풍의 요정이나 여관에 대한 수요도 아직 존재하였기 때문이다. 그러나 화풍건축가는 모더니즘을 신봉하는 정통적 건축가들과는 다른 범주에 속하는 일종의 특별한 사람들이라는 취급을 받았다. 역으로 그들도 또한 자신들이 특별하다는 것을 의식적으로 연출하였다. 화풍건축의 설계에는 도제관계의 수제자 전수와 같은 수련이 필요하고, 누구나 간단히 가능한 것은 아니라는 메시지를 아무렇지도 않게 계속 표출하였다. 실제로 요시다 이소야의 화장(和裝)으로 대표되는 것처럼, 그들의 복장과 일상생활이 특별한 것처럼 연출되었다. 화풍건축가는 스스로 선택하여 특별한 존재가 되었고, 건축계는 완전히 분단되어 있다. 어느 쪽의 사람들도 상대편에게 관심을 가지려고 하지 않고 화해를 도모하려고 하는 자는 배신의 절충주의자라고 간주되어 분열은 방치되고 확산되었다.

건축에 의한 전후 일본의 분단

그럼에도 불구하고 전후 일본문화 전체를 조망해 볼때 건축이라는 영역은 지극히 능동적이며 활동적이었다고 보인다. 문학, 음악, 회화 등의 제 영역과 비교해 보아도 건축의 달성은 괄목할 만하여 세계적으로 유명한 건축가를 다수 배출하였다. 생각해 볼 수 있는 첫 번째 이유는 많은 건축이 지어졌기 때문이다. 자기집 정책에 의해 많은 집을 건설하는 것이 국가시책이 되었고, 이후 주택 수요가 한계에 도달하자 도시 간의 경쟁에서 이기기위한 다양한 법적 보너스제도, 완화제도 등이 시행되어빌딩의 초고층화가 급격히 진행되었다. 이는 어떤 의미에서는 냉전기 미국이 구상했던 건설업=평화산업 구도를 통한 부흥 시나리오의 최종판이었다.

고도성장은 건설업에 의하여 견인되었고 고도성장 이후에도 정치와 밀착한 건설업은 여전히 경제의 주력이었다. 그 결과 하이테크산업의 발전이 더뎌지고, 그러자 더더욱 건설업에 대한 의존도가 높아지는 형태의 악순환이이어졌다. 전후 정치에 있어서도 건설업은 지속적으로커다란 영향력을 발휘하였다. 공공사업을 발주하는 것이 선거에서의 득표와 연결되고, 필요성이 의심되는 건축물이 정치를 위해서 지속적으로 건설되었다. 경제면에서도 정치면에서도 전후 일본은 건축에 의해서 지속적으로 끌려왔던 것이다.

그러나 그 결과 많은 건축적 실험의 장이 펼쳐졌고, 문화에 있어서도 건축은 일본의 중심적 위치를 점할 수 있게 되었다. 1960년대에 세계건축계를 뒤흔들었던 메타볼리즘건축은 그 문화적 에너지의 상징이었다. 냉전기에 일본건축문화의 가치를 끌어냈던 록펠러와 드렉슬러의 혜안에 의해 전후 일본사회와 문화의 구도는 규정되고 이어졌던 것이다.

이 「건축의 시대」, 「건축의 국가」 속에서 두 개의 분단이 진행되고 있었다. 하나는 모더니즘건축과 생활의 분단이며, 다른 하나는 도쿄와 지방의 분단이었다. 20세기 초기 공업화사회에 적합하게 하기 위한 신양식으로서 시작한 모더니즘건축은 지역의 재료, 지역의 공법 등 다양한 지역성을 배제한 합리적이고 글로벌한 신양식으로서 세계를 석권하였다. 신양식은 대량의 건축을 단기간에 건설하기에는 적합하지 않지만 이 유행에 의해 지역이 지속적으로 지켜왔던 많은 건축적 자산을 잃었고 세계건축의 다양성은 소멸되었다.

풍부한 건축적 전통을 지켜왔던 일본도 그 파도 속에서 목조에서 콘크리트로 공법의 대전환을 강요당해 전통건축의 풍부한 자산은 잃어버리고 있다. 일본 전통건축의 지혜는 자산가를 위한 고급주택이나 일본요리를 전문으로 하는 레스토랑이라고 하는 특수한 의장이 필요한 경우로 한정되었고, 모더니즘건축과 일본인 생활과의 분단은 심화 일로였다. 조몬이라고 하는 대의명분을 획득하여 전통과 결별한 일본의 모더니즘건축은 이소자키와 구로카와가 이끈 「예술적」인 방향으로 조몬으로부터 진화하여 건축과 생활의 간극도 깊어졌다.

이 전후 미증유의 건축 붐은 1990년대 버블경제의 붕괴에 의해 쇠락의 길을 걷기 시작하였고, 이후 건축비판이 일거에 커졌다. 건축비판은 일본만의 현상은 아니었다. 경제 중심이 제조업에서 서비스업으로 전환한 1980년대 이후 거의 대부분의 선진국에서 건축은 세금의 낭비였고, 환경파괴 그 자체로서 역풍이 불기 시작하였다. 그중에서도 일본에서의 건축비판은 그전의 건축의존이나 건축중심주의가 격했던 만큼, 또 건축과 생활의 분단이 컸던 만큼 가혹하기가 극에 달했다. 건축은 사회의 적이라고 간주되어 「콘크리트에서 사람으로」라고 하는 정치적 캐치프레이즈도 국민의 지지를 얻었다.

실제로 건축 붐은 도쿄와 지방의 분단, 대기업과 중소기업의 분단 그리고 다양한 격차를 낳았다. 건설산업의 특징은 원청회사를 정점으로 하는 다중 하청구조에 있었고, 도쿄의 대형 건설회사가 최상위에 위치하는 피라미드식 계급구조가 전후 건설업을 지탱하였다. 이익은 계급의 상부에 위치하는 대형 건설회사에 집중되어 건설업이 호황으로 전성기를 구가하고 있는 것처럼 보이지만 하청의 중소기업들은 피폐해져 갔다. 일본의 다양한 산업에서 뿌리내리고 있었던 장인정신은 사라지고, 격차는 확대 일로였다. 건설업 중심의 전후 시스템 안에서는 대기업과 중소기업의 격차가 확대되었고, 도쿄와 지방의 격차도 확대되는 상황이 지속되었던 것이다.

이 쇼와(昭和)에서 헤이세이(平成)로 이어지는 시대의 커다란 흐름에서 가장 비판적인 시각을 가진 것은 안타깝게도 건축가가 아니었다. 건축가는 이소자키나 구로카와처럼 콘크리트에 의한 「조몬화(繩文化)」를 선도하였고 조몬이 식상해지자 이를 예술이라고 하는 캐치프레이즈로 치환하는 것으로 보다 거대한 건축, 보다 예술적인 도시를 만드는 것에 계속 가담하였다. 이 흐름에 위화감

을 가진 건축가들은 「화풍」이라고 하는 영역에 빠져들었
고 일본의 전통건축이라는 풍부한 자산을 취미적이고 상
업적인 세계에 가둬두고 쇠약케 하여 사체화(死體化)하였
다. 어느 쪽의 건축가든 모두 이 흐름을 지속적으로 가속
화하였다.

스즈키 시게부미(鈴木成文)와 우치다 요시치카(內田祥哉)

이 전후의 거대한 흐름 속에서 거대한 분단과 피폐를
낳은 건축계에서 유일하게 비판적인 시점을 가진 것은
건축학계에서 건축계획학과 건축구법학이라 불리는 도
저히 흥미롭지 않은 두 흐름이었다.

솔직히 고백하자면 학생시절 나는 이 두 흐름을 적대
시하였다. 당시 건축계획학의 보스였던 도쿄대학 스즈
키 시게부미(鈴木成文, 1927-2010)나 구법학의 보스였던 우
치다 요시치카(內田祥哉, 1925-2021), 이 두 사람이 나의 학
생시절 작품에 대하여 가장 비판적이었기 때문이다.

당시의 도쿄대학에서는 하나의 설계 과제가 행해질 때
마다 제출한 작품 하나하나 학생들 앞에서 거의 전원의

교수가 모여서 코멘트를 하고 비판하는「크리틱」이라 불리는 이벤트가 시행되었다. 학생은 자신의 디자인을 패널을 활용하여 몇 분간 설명하고, 교수들이 이에 대하여 의견을 내었다. 내 작품에 대하여 항상 가장 비판적이고 엄격한 코멘트를 내었던 교수가 계축계획학의 스즈키와 건축구법학의 우치다였다. 그들에게 있어 나는 이소자키, 구로카와를 정점으로 하는 디자인을 중시하고, 이 트렌드를 따르고 동경하는 경박한 학생의 대표처럼 보였을 것이다. 스즈키는 생활이나 활용성의 시점에서 내가 제출한 설계안의 문제점을 철저히 비판하였다.「넌 사용하는 사람에 대해 생각해 본 적은 있는 거냐!」

한편 우치다는「이건 어떤 방법으로 만들건데?」라고 생산이라는 시점에서 내 제안에 대하여 의문을 품었다. 건축을 어떻게 건설할지 전혀 몰랐던 나는 어떠한 대답도 못하고 고개를 숙일 수밖에 없었다.

당시에는 이「고약한」2명의 교수를 천적이라고 느꼈다. 시대에 역행하고 디자인의 새로운 흐름을 이해하지 못하는, 아무것도 모르면서 고집불통에 촌스럽기만 한 아저씨라고 느낀 것이다.

그러나 세상에 나와서 실제로 건축작품을 만들면서 사

는 사람과 사용하는 사람들로부터 무수히 많은 클레임을 받았다. 또 한편으로 만드는 사람들, 즉 시공자와 기술자들로부터도 「이런 거 만들어낼 가능성이 없잖아!」라고 질색하는 소리를 들으며 겨우 스즈키와 우치다가 얘기했던 것을 이해할 수 있었다. 생활과 생산에 대하여 자신이 얼마나 무지하고 무신경하였는지에 대해 깨달았다. 역으로 이 두 사람에게 질문받아 궁지에 몰려 분하다는 생각을 했던 경험 덕분에 자신의 영역이 조금이나마 넓어졌을지도 모른다고 느낀다. 건축계획학과 건축구법학 안에 분명 일본건축이 직면하는 다양한 분단을 해결하기 위한 열쇠가 잠재해 있을 것이라고 느끼기 시작한 것이다.

니시야마 우조(西山卯三)와 생활로의 회귀

건축계획학은 일본에만 있는 학문, 일본 독자적인 학문이라고 얘기되는 경우가 있다. 이 학문이 태어나는 계기를 만든 것은 오사카의 저잣거리에서 태어나고 자라서 교토대학에서 공부한 한 명의 공산주의자 니시야마 우조(西山卯三, 1911-1994, 그림 11)였다. 그는 유럽식 건축가들의

「내려다보는 시선」, 「우월감의 디자인」에 체질적으로 위화감을 느끼고 있었다. 사용하는 사람들의 편에 서서 디자인을 하기 위해서는 생활현장에 들어가 그 형상을 면밀히 관찰하고 자세히 그들의 말을 들어보지 않으면 안 된다고 그는 생각했다. 그래서 그는 「사는 방식 조사」라고 불리는 리서치를 시작했다.

여기서도 다시 일본에서의 동과 서의 대항, 이 역동성이 그림자를 드리웠다. 다케다 고이치(武田五一)의 다실 연구를 만들어냈고, 타우트의 일본관을 결정짓고, 무라노 토고(村野藤吾)의 반요시다(反吉田)풍 다실을 만들어낸 서쪽의 좌익성이 니시야마의 「사는 방식 조사」와 그 성과인 식사와 침실의 분리에 대한 이론을 만들어낸 것이다. 익숙한 오사카의 저잣거리 슬럼가에서 조사를 진행하여 그는 식사공간과 수면공간의 분리라고 하는 삶의 방법을 제안하였다. 1940년에 관동대지진의 부흥을 위해 내무성 하부조직으로서 시작한 동윤회(同潤會)에 입사한 니시야마는 전쟁 중인 1942년 「거주공간의 용도구성에 있어서 식침분리론(住居空間の用途構成に於ける食寢分離論)」이라고 하는, 일본을 바꾸었다고도 할 수 있는 획기적인 논문을 발표했다.

부모자식 간에 각자 잔다는「취침분리(就寢分離)」의 욕구 이상으로, 식사를 하는 공간과 포단을 깔고 자는 공간을 어떻게든 나누어서「식침분리(食寢分離)」를 하고자 하는 욕구가 작은 집 속에서도 일본인의 생활에서 기본이 되어 있다는 것을 니시야마가 발견하였고, 이 발견은 전후 일본의 주택디자인에 결정적인 영향을 미쳤다. 구체적으로는 이 니시야마의 발견으로부터 다이닝키친(Dining Kitchen)이라고 하는 일본건축의 큰 발명이 생겨났다.

역사를 구체적으로 거슬러 올라가면 다이닝키친의 발상지는 일본이 아니었다. 모더니즘건축의 여명기인 1928년에 코르뷔지에나 미스가 중심이 되어 모더니즘 건축의 추진을 목적으로 하는 국제회의 CIAM이 설립되었다. 생활 최소한의 주택을 테마로 하여 개최된 제2회 회의에서 독일건축가 에른스트 마이(Ernst May, 1886-1970), 마가레테 쉬테-리호츠키(Margarete Schütte-Lihotzky, 1896-2000)에 의해 제안된 프랑크푸르트 키친은 3.44m× 1.90m의 작은 방 속에 키친과 다이닝을 함께 집어넣어 화제가 되었고, 이후 독일에서는 이 형식이 본쿠체(본라움(생활공간, Wohnraum)+쿠체(부엌, küche))로 전개되었던 것이다.

그 배경에 있었던 것은 2번의 세계대전 패전으로부터 부흥, 그리고 주택난 해소가 긴급한 과제였던 독일의 사정이었다. 키친 개혁은 19세기 미국에서 여성해방, 페미니즘이 먼저 시도했지만 미국에서는 스페이스의 절약보다 키친이

그림 11 니시야마 우조

라고 하는 가구의 이노베이션, 즉 상품의 이노베이션이 중심이었다. 더욱이 20세기 초부터 반공사상이 높아지며 페미니즘 자체가 억압받아 키친 개혁은 나아가지 못하고 여성은 좁은 키친에 계속 갇히게 되었다.

51C형과 도큐도(東求堂)

여성해방과 연결된 형태로 다이닝키친이라고 하는 에너지 절약형 스페이스의 지혜를 만들어낸 국가는 원래 가난하고 공업화의 후발주자였던 독일이나 일본이었다. 그리고 이후 키친과 식탁을 일체화하는 형식이 다이닝키

그림 12 요시타케 연구실에 의한 원안 평면 「51C-N」

친이라고 하는 일본식 영어 표현과 함께 세계에서 가장 일찍 서민주택에 널리 퍼진 것은 일본이었다. 니시야마가 예전에 근무했던 동윤회(나중의 주택영단)라고 하는 정부조직이 다이닝키친을 뒤에서 지원했던 것이 최대의 요인이었다.

이 프로세스를 상징하는 것이 1951년에 공영주택 모델 플래닝으로서 발표되었던 51C형, 정식으로는 공영주택 표준설계51C형이다.(그림 12) 이는 도쿄대 건축학과 요시타케 야스미(吉武泰水) 연구실을 중심으로 하는 연구그룹에 의해서 발표되었다. 간사이의 반권위주의적 문화 속

에서 니시야마
에 의해 시작된
「사는 방식 조
사」의 방법을 동
쪽에서 계승한
것이 스즈키 시
게후미였다. 여
기에서도 또한

그림 13 51C형 주택 이후에 만들어진 UR
의 하스네단지(蓮根團地)

동과 서의 대립과 고집에서 새로운 흐름이 생겨난 것이
다. 동과 서는 그렇게 비판과 창조의 캐치볼을 반복하면
서 일본을 앞으로 나아가게 했다고 할 수 있다. 동쪽에서
니시야마로부터 그 공을 받아서 새로운 51C형 플랜 만들
기의 중심인물이 된 사람이 바로 나의 「천적」 스즈키였
던 것이다. (그림 13)

　51C형은 전후 주택부족의 대응책으로서 최소한 주택
(最小限住宅)의 공급을 목표로 하였다는 점에서는 1929년
독일에서 발표된 프랑크푸르트 키친과 동일한 역사적 배
경을 갖고 있다. 독일이나 일본이라고 하는 공업화의 후
발국에 패전이 덮치며 이중의 고초를 겪는 중에 이 최소
한 주택이라고 하는 작은 보석이 제시되었다. 그러나 일

본에서 특징적인 것은 이것이 국가 주도로 산업진흥을 주요 목적으로 진행되었다는 것이었다.

프랑크푸르트 키친도, 그리고 이에 지대한 영향력을 미쳤다고 생각되는 미국의 부엌 혁명도 기본적으로는 여성을 가사로부터 해방시키고자 하는 여성해방, 페미니즘의 발상에서 시작되었다. 그러나 일본의 경우, 주택부족의 해소와 이에 부차적으로 따라오는 건설업을 기반으로 하는 경제부흥, 이 두 가지의 탑다운적 발상이 중심이 되어서 12평(40m²)이라고 하는 오늘날의 주택으로 생각하면 놀랄 정도로 작은 면적 속에 식사와 수면의 분리, 부모와 자식의 별침 등을 가능하게 하는 두 개의 침실을 확보하는 취침분리가 강제로 달성되었다고 할 수 있다. 페미니즘의 입장에서 이 위로부터의 기능적 소주택의 배경을 연구하는 니시카와 유코(西川祐子, 1937-2024)는 1942년 동윤회에 소속되어 있던 니시야마 우조의 식침분리론의 본질은 여성해방이 아닌, 밤중에 돌아온 아버지가 가족의 취침을 방해하지 않는 것이라는 국가총동원체제 속의 결과물이라고 날카롭게 지적하였다.

이는 일본의 「근대화」라고 불리는 것에 기본적으로 페미니즘의 시점이 결여되어 있다는 점을 떠올리게 한다.

식침분리란 여성을 무시하고 진행한 일본의 남성적 근대화의 건축적 번역이라고 해석하는 것도 가능하다.

이러한 다양한 문제를 품고 있으면서도 51C형의 실물 안으로 발을 들여보면, 12평의 극소 공간임에도 불구하고 그 세심하고 따뜻한 분위기에 압도되지 않을 수 없다.

그 하나의 이유는 미닫이문이라는 일본 고유의 소도구가 51C형 속에서 철저히 구사되었기 때문이다. 서구의 문은 기본적으로 경첩이 달려 있는 여닫이문이고, 목조건축이 중심이었던 중국이나 한국에서도 문이나 간을 구분하는 기본은 여닫이문이었다. 일본에서도 미닫이문의 출현은 헤이안시대 중기 정도로 보이므로 그 이전에는 여닫이창호가 중심이었다. 일반적으로 고온다습하고 고밀도의 일본 환경이 미닫이문을 탄생시켰다고 하는데, 상하의 레일이 세밀하게 평행을 맞추지 못하면 부드럽게 열지 못하는 미닫이창호는 높은 시공 정확도를 요한다. 건축기술적으로 보자면 여닫이창호는 기초적인 것이고, 미닫이창호는 보다 세련된 것이라 할 수 있다. 여닫이창호는 문을 연 상태에서도 문은 엄연히 존재한다. 그러나 미닫이창호를 열면 두 개의 공간은 자연히 연결되고 이미 파티션은 소멸되어 있다. 그렇게 공간을 연결하고 싶지 않다면 미닫이문을 절반이나 1/3정도만 연다고 하는 소수점적인 미묘한 관계성을 만들어내는 것도 가능한 것이다.

공업화에 의한 인구의 급증과 전쟁에 의한 도시의 파괴라고 하는 20세기의 2연타가 「최소한 주택」이라고 하는 과제를 이 시대에 던져주었다. 미닫이문은 20세기의 최소한 주택을 최대로 활용할 수 있는 최신무기가 되었다. 복도가 없어도 미닫이문은 다양한 관계성, 다양한 등급의 프라이버시 보호를 가능하게 해 주는 것이다.

복도라고 하는 서큘레이션에 특화된 공간과 여닫이문이라고 하는 의미 없는 파티션에 익숙해진 서구에 있어서 「최소한 주택」의 과제는 풀기 어려웠을 것이다. 이것을 억지로 달성하고자 한다면 미스의 바르셀로나 파빌리온이나 필립 존슨의 유리집(1949)처럼 예술적이면서도 아방가르드한 해답, 즉 실제로는 사람의 삶이 불가능한 유리벽의 1실 공간으로 세계를 놀라게 하는 수밖에 없었다.

51C형과 사회의 관계는 서로 상극이었다. 51C형은 낮은 비용으로 건설도 용이한 공영주택의 구체적인 모델 플랜이고, 실제로 수많은 공영주택에 이 플랜은 실행되었다. 게다가 민간아파트에서도 철저히 복사되어 전후

일본 주택의 원형이 되었던 것이다. 51C형은 진정한 의미에서 사회와 일체가 되었고 사회를 바꾸었다.

그리고 흥미로운 것으로 바르셀로나 파빌리온이나 유리집에만 예술이 있고 문화가 있었던 것은 아니었다. 51C형 디자인의 중심인물인 요시타케 야스미(1916-2003)는 국회의사당 설계자의 1인이며「서쪽」건축문화의 중심인물인 다케다 고이치의 제자였던 요시타케 도리(吉武東里, 1886-1945)의 아들이고, 스즈키는 불문학자이자 스테판 마라르메를 비롯한 상징파문학 연구자였던 스즈키 신타로(鈴木信太郎, 1895-1970)의 아들로 그의 근대 프랑스문학을 베이스로 하는 문학적 교양은 51C형의 근대성과 휴머니즘 속에서 유감없이 발휘되었다. 근대라고 하는 시대정신 위에 일본의「최소한 주택」이라고 하는 꽃이 피었던 것이다.

게다가 51C형의 또 하나 매직은 그 공간 중심의 낮음에 있다. 요시타케나 스즈키도 일본 주택의 근대화에서 중요한 도구가 된「최소한 주택」에 당당히 6.5조[6]와 4.5

---

6) 조(疊)은 다타미의 장 수로 공간의 크기를 나타내는 단위이다. 여기서 6.5조라 함은 다타미 6.5개가 깔린 넓이의 방을 의미한다. 다타미의 1장의 크기는 지역과 시대에 따라 다르지만 대략 900mm×1800mm 정도이므로, 6.5조는 평으로 보면 3.25평에 해당한다.

조, 2개의 다타미 방을 설치하였다. 다타미는 공간의 유동성에 큰 공헌을 했을 뿐만 아니라 공간 전체의 중심을 크게 낮추었다. 이것으로 결코 천정고가 높다고는 하기 어려운 51C형의 공간이 여유 있는 것이라고 느껴진다. 창호의 높이에 맞춰서 수평으로 둘러싼 회랑도 공간의 중심을 낮추는 것에 공헌하여 낮고 좁은 공간을 여유롭게 느껴지도록 하는 데 도움이 된다.

가장 중요한 요소라고 할 수 있는 다이닝키친의 부엌기구 높이도 현재의 표준(85cm)과 비교해 보면 놀랄 정도로 낮은 43cm로 공간의 중심을 크게 낮추는 역할을 해주었다. 영화감독 오즈 야스지로(小津安次郎)도 카메라의 삼각대 발을 잘라내는 것으로 공간의 중심을 크게 낮추어 결코 넓지 않은 일본의 실내공간을 놀랄 정도로 풍부한 공간으로 연출하는 것에 성공하였다. 오즈는 미닫이문을 소도구로 하여 공간의 미묘한 연속감이나 깊이를 담아냈다는 것으로도 알려져 있다. 「춘추(春秋)」(1951)나 「도쿄이야기(東京物語)」(1953)는 정확히 51C형과 동일 시대에 완성되었다.

51C형의 실제 공간에서의 질감은 먼 옛날의 「작은 주택」이라 할 수 있는 아시카가 요시마사(足利義政)가 교토

의 히가시야마에 세웠던 은각사 내의 작은 쇼인(書院), 도큐도(東求堂)와 매우 닮아 있다. 역사상 최초의 쇼인, 최초의 다실이라고도 불리는 도큐도도 또한 미닫이문에 의해 공간을 다양하게 연결시키는 것이 가능했으며, 이중으로 설치된 나게시(長押)는 51C형의 회랑과 동일하게 공간을 실제 치수 이상으로 크게 보이도록 하였다. 이들 장치에 의해 쇼군의 삶이라고는 생각하기 어려운 극소의 공간이 대범하고 여유로운 것이라고 느껴지도록 한 것이다. 오닌(應仁)의 난 이후의 황폐해진 일본이 극소의 도큐도를 탄생시켰다. 마찬가지로 제2차 세계대전 이후 모든 것을 잃어버린 일본에서 51C형이 생겨났다. 금각사를 세운 요시미츠의 호화로움 추구도 「크기」에 대한 지향이 반전되어 이 도큐도를 경계로 하여 일본은 새로운 시대로 돌입하였던 것이다. 51C형도 또한 일본의 반전 단서가 되었다. 이 반전은 냉전의 동지를 키우기 위하여 미국으로부터 주어진 「위로부터의」 반전이 아닌 일본 민중의 사는 방식 분석에서 시작된 「아래로부터의」 반격이었다.

51C형을 경계로 하여 일본은 새로운 시대에 돌입하였다. 흥미롭게도 도큐도는 부와 권력의 정점에 선 쇼군(將軍)에 의해 만들어졌고, 51C형은 관료와 대학의 연구자

들의 손으로 만들어졌다. 담당자의 대조성도 또한 시대를 상징하는 것이라고 할 수 있을 것이다. 「재상 건축가」라고 불리는 요시다 이소야에 의해 설계된 요시다 시게루 저택(吉田茂邸, 1961), 기시 노부스케 저택(岸信介邸, 1969)이 전후라고 하는 시대를 상징하는 것은 전혀 아니라고 나는 느낀다. 전쟁 이전의 실험정신을 잃어버린 요시다 이소야에 의한 겉모습만 번지르르한 「접객공간」만이 그곳에는 있을 뿐이다. 이는 전후의 정치가 국가의 방향성에 대한 긴장감 있는 논의를 상실하고 접객에만 빠져 있던 것을 상징하는 공간이었다. 51C형이라고 하는 「가난한」 주택의 「작음」과 「낮음」 속에서야말로 우리가 전후라고 하는 시대의 진정한 강력함과 반짝임을 느낄 수 있는 것이다.

그러나 51C형 이후 일본의 주택이 걸어간 길은 지루한 타락의 오르막길일 뿐이었다. 바닥면적은 커지고 다타미(疊) 방은 사라지고 천정은 높아졌으며 공간의 중심은 높아지게 되었다. 미닫이문은 낡은 구습으로 간주되어 공간은 유연성과 유동성을 잃어버렸다. 이것이 일본이 달성했다고 자랑하는 「풍부함」의 쓸쓸한 정체였던 것이다.

건축생산과 프리패브리케이션(prefabrication)

이「풍부함」을 향한 전후의 흐름에 대하여 스즈키 등이 이끌었던 건축계획학과는 별도의 관점에서 지속적으로 비판적인 관점을 가져온 사람이 내 학생시절 또 한 명의 천적 우치다 요시치카였다.

스즈키가 생활이라고 하는 시점에서 건축과 인간을 연결시키고자 하였다면 우치다는 생산이라고 하는 시점에서 건축과 인간, 건축과 사회를 재정립해 보고자 생각했다. 도쿄대학의 총장을 역임하며 혼고캠퍼스의 전부를 거의 혼자서 설계한 일본건축계의 두목이자 두려움의 존재였던 대건축가 우치다 요시카즈(內田祥三, 1885-1952)의 아들이 우치다 요시치카였다. 그러한 출신임에도 불구하고 우치다는 건축가라고 하는 존재에 대해서, 그리고 사회의 다양한 권위적인 것에 대해서도 지극히 비판적인 입장을 가졌다.

대학을 졸업한 1947년 우치다는 일단 체신국 영선과에 취업하였다. 관청의 영선이라고 하는 것은 매우 심심한 직장이었다. 개인의 이름으로 화려하게 활약하는 서구적 건축가와는 달리 조직의 일원으로서 합리적이고 경제적인 시공방법을 찾아가면서 묵묵히 날마다 설계를 해

나간 것이 관청 영선과의 일상이었다. 어떤 의미에서 관청 영선은 현대의 목수와도 같은 존재였다.

당시의 일본에는 헤이안시대부터의 흐름 안에 있는 조직인 내장료(內匠寮), 가장 큰 예산을 잡고 있는 대장영선(大藏營繕), 그리고 근대국가에서 필요로 하는 우편국이나 전보전화국 등의 설계를 담당하는 체신영선(遞信營繕) 등, 세 곳의 관청 영선 담당부서가 존재했는데, 우치다가 들어간 곳은 그중에서도 가장 진취적인 특징을 갖는 체신 영선이었다.

전쟁 이전의 체신영선에는 야마다 마모루(山田守)와 요시다 데츠로(吉田鐵郎, 1894-1956)라고 하는 2명의 에이스가 경쟁하고 있었다. 야마다 마모루는 호리구치 스테미와 함께 도쿄대학 재학 중에 분리파를 만들었던 주요 인물이었다. 체신성에 입사한 후 독일 분리파의 흐름을 타는 아치 형상 입면의 도쿄중앙전신국(1925)으로 건축계를 놀라게 하였으며, 또 한편으로는 아오야마(靑山)에 현존하는 자택(1959)에서는 다타미의 테두리가 겹쳐지는 것을 생략하기 위해 2개의 장변 중 하나에만 테두리를 붙이는 특수한 방식을 사용하여 다타미에도 모던의 느낌을 부여하는 새로운 화양절충에 도전하였다. (그림 14) 다타미

그림 14 야마다(山田) 자택의 모던 다타미(1959, 후지오카 히로야스 촬영)

의 테두리는 플랫한 평면의 악센트 역할을 하며 공간의 방향성을 보여주는 역할도 담당하는데, 한편으로는 인접하는 다타미 테두리와 선이 겹치는 이중으로 구성되어 번잡하게 보인다는 점이 모더니즘의 추상화 미학에는 반한다고 느끼는 건축가도 많았다. 일본의 전통건축과 추상적 건축의 양립을 추구했던 시노하라 카즈오(篠原一男, 1925-2006)는 이를 위해서 테두리가 없는 류큐(琉球)의 다타미를 활용하였는데(종이우산의 집, 1961), 야마다 마모루의 변칙 다타미 시도는 테두리의 공간인지 기능을 보존하고자 하는 보다 고도의 해결책이다.

한편 요시다 데츠로는 야마다의 화려함과 튀는 디자인

그림 15 도쿄중앙체신국(요시다 데츠로, 1931)

을 싫어하여 일견 평범해 보이는 실루엣의 건축과, 그 속
에 풍부한 세부장식을 숨겨 놓는 것에 전력을 집중하였
다. 나는 도쿄중앙체신국(1931, 그림 15)과 교토중앙체신국
(1926)의 재생에 관여하였다. 모두 야마다 스타일 타일 배
치의 섬세함에 압도되었다. 도쿄중앙체신국에서는 두
개의 축을 갖는 부지 형상의 복잡함을 기둥의 팔각형 단
면으로 훌륭히 해결하고 현대의 모따기라고도 할 수 있
는 섬세한 표현의 미를 발견할 수가 있었다. 무라노가 랑
나르 외스트베리(Ragnar Östberg, 1866-1945)의 스톡홀름시
청사 디테일을 절찬한 것처럼 요시다 데츠로도 또한 스
톡홀름시청사 속에서 서구와 일본을 절충하는 힌트를 발

견하였으며, 그 만년에는 투병 중에도『스웨덴 건축가』(1957)를 집필하였다.

　체신영선의 경험 속에서 우치다는 생산이라고 하는 행위에 대한 경의가 일본건축의 기본이 되어 있는 것을 배웠다. 서구의 건축가들은 생산이라고 하는 행위의 상위에서 이 행위를 어떤 의미에서는 무시하고 있었던 데 반하여, 일본의 목수는 생산현장에 머물면서 생산이라고 하는 행위 속에서 디자인의 단서를 얻고 있었던 것이다.

　우치다는 체신성에서 도쿄대학으로 옮기고 나서 생산이라고 하는 행위로부터 디자인이라고 하는 행위을 끄집어내 보고자 하였다. 당시 도쿄대학의 영웅이었던 단게가 서구의 건축가처럼 높은 위치에서 내려다보듯 디자인을 하였던 것과는 반대로, 생산현장으로부터 디자인을 얻어내고자 하는 것이 우치다의 발상이었다.

　우치다가 우선 주목한 것은 프리패브리케이션이라고 불리는, 공장에서 생산한 것을 현장에서 단기간에 조립하는 합리적인 생산방식이었다. 스즈키가 51C형으로 일본의 주택 상황을 개선하고자 하였던 것처럼, 우치다는 프리패브리케이션이라고 하는 저렴하고 합리적인 생산방식으로 일본의 주택문제를 해결하고자 시도했던 것이다.

우치다와 그 제자들의 힘으로 일본의 프리패브리케이션 주택은 공업화 주택에 있어서 세계의 리더가 되었다. 전후 주택난을 프리패브리케이션 방식으로 해결하고자 했던 시도는 제1차 세계대전 때부터 세계의 이곳저곳에서 널리 퍼져 나갔지만, 일본 이상의 성공을 거둔 국가는 없었다. 유럽에서는 코르뷔지에의 돔 이노시스템(1914)을 비롯하여 콘크리트를 사용한 프리패브리케이션 주택의 개발이 시도되었지만 유동성이 결여되고 차갑고 딱딱한 공업화의 표정을 갖는 실험주택은 사람들로부터 지지를 받지 못하였다. 구 소련에서도 주택부족의 해소가 국가의 중요 과제였지만 프리패브리케이션은 오로지 중고층 단지를 위한 연구와 개발에 활용되었을 뿐 단독주택에서는 거의 사용되지 못하였다.

한편 미국에서는 2×4(투바이포)라고 불리는 19세기에 생겨난 저가의 목조시스템이 우위를 차지하였고, 이를 넘어서는 유동성과 가격경쟁력을 갖는 프리패브리케이션 주택이 등장하지는 못하였다. 유일하게 일본에서 프리패브리케이션 주택이라고 하는 저가의 유동적인 시스템이 주택시장의 20%를 넘어서는 커다란 존재감을 갖기에 이르렀던 것이다.

그러나 우치다 등의 힘으로 1970년대 이후 일본 안에서 증식하기 시작한 프리패브리케이션 주택은 그 초심과는 완전 반대로 생활을 획일화하고 빈곤하게 해 버린 것은 아닐까? 우치다는 어느 시점부터 그렇게 생각하기 시작했다. 오히려 프리패브리케이션 주택에 의해 쫓겨나고 있었던 목수의 손에 의한 목조주택 — 우치다는 재래목조주택이라는 단어를 간혹 사용하였다 — 부분이 생활에 보다 밀착해 있고, 저가이며 다양성과 유연성으로 가득 찬 것은 아닐까?

일본 목조주택의 유동성

우치다의 인생 후반은 재래목조건축의 부활에 투자하였다. 나는 운이 좋게도 우치다가 그 인생 후반을 걷기 시작했을 무렵 일찍이 천적이었던 우치다연구실에 들어가 일본 재래목조건축의 매력과 그 유연성, 깊은 합리성 등을 배울 수 있었다. 재래목조건축의 부활은 일종의 속죄처럼, 내게는 그렇게 느껴졌다.

물론 우치다에게는 속죄라고 하는 단어가 연상시키는

어두운 측면은 전혀 없고 그저 즐거운 듯 순진한 아이처럼 목조의 매력이나 일본 목수의 대단함을 계속하여 강조하였다. 한마디로 말하자면 일본 재래목조주택은 모더니즘건축 이상으로 유연하며 생활에 밀착한 시스템이고, 민주적인 건축이라는 것을 우치다는 나에게 가르쳐 준 것이다.

유럽에서 생겨난 모더니즘건축은 상류계급의 생활을 장식하는 도구일 뿐이었던 종래의 양식건축이 갖는 딱딱하고 권위주의적인 시스템에 대한 안티테제였다. 민중의 생활에 밀착한 유동적이면서도 부드러운 시스템을 창조하는 것이 모더니즘건축의 출발점이었다. 이를 위해서 선택된 부재가 철과 콘크리트였다. 양식적 건축을 구성하던 돌이나 벽돌과 비교하여 콘크리트와 철은 세계 어느 곳에서도 입수가 가능한 민중의 소재라고 당시의 건축가들은 생각하였다.

그러나 우치다는 일본의 목조주택이 훨씬 유동적이며 어떠한 생활에도, 또 어떠한 생활의 변화에도 대응할 수 있다는 것을 발견한 것이다.

일본 목조의 기본은 가까운 곳에서 손쉽게 얻을 수 있는 재료로 만들어진다는 것이다. 콘크리트나 철처럼 시멘트나 철골을 생산하는 대형 공장에 의존할 필요가 없고 재료는 모두 동네 뒷산에서 취할 수 있는 것이다. 귀중한 두꺼운 목재는 사용하지 않고 뒷산에서 벌채할 수 있는 정도의 얇은 목재만을 사용하여 절묘하게 조립하는 과정을 통해, 빈발하는 지진에도 버티는 강력하면서 유연한 구조체를 만들어낼 수 있었다.

얇은 목재를 구미키(組木)[7]라고 하는 부드러운 조인트의 연결방식으로 결구하였다. 목재에 가해진 지진의 힘을 일종의 충격흡수재인 구미키에서 흡수해 약화시켜서 연결된 목재에 전달하는 시스템을 일본은 숙련된 기술로 발전시켰다.

일본의 목수가 가급적이면 철물 못을 사용하지 않는 것은 비가 많은 일본에서 금속이 쉽게 녹이 슨다는 이유뿐만 아니라 구미키가 충격흡수재로 기능하는 것을 중시했기 때문이다. 로얄패밀리의 별장인 가쓰라리큐에서조차도 신뢰가 되지 않을 정도로 얇은 기둥을 사용하여 구미키 결구를 통해 접합되어 있다. 150mm 이하의 단면치

---

7) 일본의 전통 목조건축에서 부재와 부재를 결구하는 방법으로 목재에 홈을 파서 연결하거나 요철을 맞추어 연결하는 방식의 통칭이라 할 수 있다. 일반적으로 동아시아의 목조건축에서는 이러한 결구방식을 활용하였으며, 한국의 '이음'과 '맞춤'이 여기에 해당한다.

수를 가진 얇은 목재를 소경목(小徑木)이라고 하는데, 일본의 목조는 소경목의 목조라는 것을 우치다는 간파하였다. 소경목의 목조는 숲을 완전히 벌거벗기지 않는 목조, 숲의 자원을 순환시키는 목조였다. 선진국에서는 사례가 없는 일본의 높은 삼림면적률 ― 70퍼센트 ― 은 소경목 목조의 산물이었다.

게다가 소경목 목조는 준공 이후의 다양한 개수에도 쉽게 대응할 수 있는 유동성이 높은 시스템이었다. 일본의 목조건축은 장지문을 슬라이드하는 것으로써 공간을 다양하게 변화시킬 수 있는 것으로 알려져 있다. 콘크리트와는 달라서 칸을 나누는 벽의 위치 변경도 자유로웠다. 나무는 자유롭게 자르거나 접합하는 것이 가능한 궁극의 유동성을 보장하는 재료였기 때문에 이 시스템이 가능했던 것이지만, 일본은 부드럽고 가공하기 쉬운 나무라고 하는 소재와 장지문 등의 슬라이딩 파티션을 조합하여 유동성의 공간을 창조하였고 시대를 거듭하며 숙련도 거듭하여 완성도를 올린 것이다.

그리고 일견 내진성능과는 관계가 없을 것으로 보이는 장지 등의 얇고 가벼운 창호도 지진의 힘을 흡수하는 데 있어서 중요한 역할을 했다는 것이 최근의 연구를 통해서 명확해지고 있다. 일본건축에는 서구적이고 수학적인 계산을 넘어선 유연하고 애매한 내진성능이 갖추어져 있었던 것이다.

더더욱 놀라운 것은 일본 목조건축의 와고야에 의해 건물을 지탱하는 가장 중요한 부재인 기둥의 위치까지도 자유롭게 움직일 수 있도록 하였다. 이 정도의 유동성을 갖는 건축 시스템은 세계에서 유례를 찾아보기 어렵다.

이 정도의 유동성은 프리패브리케이션 주택도 달성하지 못하였다. 규격화된 부재의 결합으로 생산되고 시공된다는 점에서는 프리패브리케이션 주택은 합리적인 시스템이라고 할 수 있다. 그러나 일단 완성한 주택에 대해서는 프리패브리케이션 주택의 회사들은 관심이 없었다.

특히 일본의 프리패브리케이션 주택에 있어서는 회사들이 각기 개별 구조시스템을 개발하여, 개별적으로 성능평가기관으로부터 「형식 적합 인정」이라고 불리는 허가를 획득하였다. 그 시스템은 완전히 블랙박스화되어 있어 이를 제3자 — 예를 들면 동네의 흔한 목수 — 가 맘대로 변경하거나 리노베이션하는 것은 불가능하다. 생산 외에는 관심이 없고, 대기업 외에는 메리트가 없다고 하는 전후 일본의 병을 프리패브리케이션 주택도 공유하고 있는 것이다. 스스로 주도하여 시작된 일본의 프리패브리케이션 주택이 처음 추구하였던 방향과는 다른 부자유하고 폐쇄적인 주택이 되어버렸다는 것을 우치다는 매우 안타깝게 생각하였다. 그렇기에 그는 굳이 재래목조주택의 자유와 목수의 대단함을 계속 칭찬하였고 이를 스스로에게도 주입시켰던 것이다.

일본의 모듈

또 하나 우치다가 생애를 통해서 흥미를 가졌던 것은 건축의 모듈러 코디네이션이었다. 모듈러 코디네이션도 건축의 프리패브리케이션화와 인연이 깊은 개념으로 건축을 구성하는 부재의 치수를 규격화함으로써 건축의 생산을 합리화하여 비용을 절감한다고 하는 개념이다.

이 생각 자체의 기원은 프리패브리케이션이 등장하기 시작한 20세기보다도 훨씬 이전으로 거슬러 올라가는 것이 가능하다. 고대 그리스에서 이미 석조건축을 건설하면서 어떠한 부재치수로 구성할 것인가에 대한 수학적인 규칙이 존재하였고 도리스식, 이오니아식 등 개별 양식 각각에 대응하여 규칙이 정해져 있었다. 이후 고대 로마의 건축가 비트루비우스가 이 고대 그리스의 법칙을 정리하여 더욱 체계화하였고, 『건축십서』라고 하는 서적으로 집대성하였다. 이는 19세기까지 유럽건축가 교육의 교과서로 사용되었을 정도로 영향력이 컸다.

이에 대응하는 것으로서 중국에서는 북송시대 부재의 치수에 관한 서술을 포함하는 종합적 건축서 『영조법식(營造法式)』이 편찬되어 후세까지도 큰 영향을 주었다.

일본에서는 『건축십서』나 『영조법식』과 같은 종합적 건축서는 작성되지 않았지만, 대신에 부재치수에 특화된 기와리(木割)라 불리는 메모를 통해 목조의 기능이 전승되었고, 에도시대 초기에 그러한 전승을 체계화한 『장명(匠明)』이라는 서적이 출판되었다. 이후 목조건축 기술서의 결정판으로서 널리 활용되어 실제 목조건축의 규격화에도 커다란 역할을 하였다. 『장명』의 내용을 살펴보면 일본의 목수들이 부재치수에 대하여 얼마나 깊은 관심을 가지고 있었는지 알 수 있다. 『건축십서』나 『영조법식』이 건축의 미적, 사회적 역할을 포함한 건축 전체에 대하여 종합적으로 기술했던 것에 비해, 일본인은 치수라고 하는 것에 대하여 특별한 관심을 가져왔음을 알 수 있다.

치수에 대한 깊은 관심은 다타미라고 하는 건축부재의 발명과도 깊은 관계가 있다고 생각된다. 일본건축 구성요소의 대부분이 대륙에서 건너온 것인데, 다타미는 일본에서 발명된 것이다. 기원은 조몬시대 토방에 깔았던 식물들에 있다고 알려져 있는데, 다타미의 역사를 추적해 보면 일본인이 얼마나 식물이라고 하는 부드럽고 향기를 가진 소재에 대하여 특별한 애착을 가지고 있는지 알 수 있다. 돗자리 같은 깔개였던 다타미가 헤이안시대에 현재와 같은 사각형의 매트리스 형상이 되었지만 당시에는 방의 일부에 쿠션이나 가구처럼 놓여 있을 뿐이었고, 일종의 위계를 드러내는 수단으로 사용되기도 하였다. 이후 정적인 계급제를 유지하던 귀족사회에서 무사사회로 변화하는 중에 방 전체를 다타미로 채우는 쇼인즈쿠리 공간구성이 탄생하였고, 무로마치시대에 이르러서는 이것이 일반 민중에게 퍼져 갔던 것이다.

모더니즘건축에서 말하는 균질공간과도 상통하는 이 변화는 널찍하고 균질한 유니버설 스페이스를 탄생시켰지만 동시에 또한 건축의 다양한 부분에 사용되는 치수에 대하여 일본인들이 관심을 기울이게 만든 계기가 되기도 하였다.

 방의 일부에 놓이고 깔리는 다타미라면 기둥간격과 다타미의 치수가 엄격하게 일치하지 않아도 괜찮다. 그러나 다타미를 방에 가득 채우고자 한다면 다타미의 치수와 기둥간격을 연동해야 할 필요가 생기므로 공간 전체 치수의 규격화, 즉 모듈러 코디네이션이 단번에 발전하였다.

 실제로 다타미가 방 전체에 깔리기 전에도 일본을 비롯한 동아시아는 모듈에 대한 생각이 있었다. 고대의 일본은 약 1.8m 스팬으로 기둥을 세우는 경우가 많았고, 이를 1칸(間)이라고 불렀다. 「주간삼간형행이간(柱間三間 桁行二間)」은 건물의 크기와 대략적 구조를 표현하는 방법인데, 정면에서 보이는 기둥간격 3칸, 측면의 도리를 기준으로 한 간격은 2칸인 평면의 규모를 일본에서 표현하는 방법으로, 기둥 구성과 도리 위치 등을 유추할 수 있다. 이 모듈러시스템은 목조건축과 깊은 관계가 있고, 나무라고 하는 식물의 생물적 제약으로 치수의 규격화에 대한 발상이 자연스럽게 생겨날 수도 있었을 것이라고 생각된다. 콘크리트나 철과 같은 공업제품에는 그러한 자연적 제약이 없으므로 이 사이즈나 스팬은 인간 측의 무제한적 요구에 답하고자 멈추지 않고 증대된다. 동아시아에서는 나무라고 하는 자연과 지속적으로 연결하여 치수에 대한 섬세한 감각을 유지하며 갈고 닦는 것이 가능했다.

이러한 동아시아 속에서도 일본은 예로부터 치수에 대하여 민감했다. 기둥의 표준간격이며 또한 거의 인간의 신장, 즉 인간의 침상 사이즈와 동일한 단위「1간」은 고대 중국이나 한반도에도 존재하지 않고 일본의 발명이라고 생각된다. 나무라고 하는 자연, 인체라고 하는 자연을 연결시키는「간(間)」의 개념을 창조한 일본은 이 개념을 발전시켜서 동일하게 1.8m를 기준치수로 하는 다타미라고 하는 장치에 도달하게 되었다. 그리고 다타미로 전체를 채우는 방법이 중세에 생겨남으로 인해서 일본인의 치수에 대한 의식은 더욱 높아졌고, 치수감각의 숙련도가 계속 높아졌다.

다타미는 외형치수뿐만 아니라 그 내부에도「다타미의 눈」이라고 불리는 치수기준이 있다. 골풀을 짜는 방법에 있어서 씨실과 날실이 교차되는 지점에서 생기는 작은 골을 다타미의 눈이라고 부른다. 이러한 작은 모듈이 존재하여 세부적인 부분에 이르기까지 치수에 대한 섬세한 감각을 통해 결정되었다. 교토지역 다타미의 치수는 테두리에서 테두리까지 약 6척4촌이라는 규격이 존재한다. 6과 4라는 숫자는 옛날 일본의 주(州) 수가 64개였던 것에서 유래했다는 설이 덧붙여졌을 정도로 「치수 페티시즘」의 일본인은 치수에 의한 질서를 일상생활의 구석구석까지 침투시킨 것이다. 다도에서는 다완(茶碗), 다작(茶杓) 등 소도구의 배치가 약 15mm의 이 작은 다타미의 눈 그리드에 의해 철저히 규정되어 있다.

한편 목조를 기본 구조로 하지 않았던 고대 그리스·로마에서 모듈의 발상이 생겨난 이유는 고대 그리스건축이 원래 석조가 아닌 목조였기 때문이라고 생각된다. 목재자원을 모두 다 써서 목재를 더이상 사용할 수 없게 된 고대 그리스인들은 주변에서 쉽게 구할 수 있는 재료인 석재를 활용하여 목조건축의 형태, 치수시스템을 재현하였다. 이 흔적인 오더라고 불리는 모듈러시스템을 낳았고 『건축십서』로 계승되었던 것이다.

『건축십서』의 연장선상에서 20세기 모더니즘건축가들은 모듈에 관심을 가졌다. 그중에서도 코르뷔지에는 가장 강한 관심을 보였다. 그는 고대 그리스 유래의 황금비 시스템도 인체치수(실제로는 자신의 신장을 기준으로 하였음)와 결부하여 독창적인 치수체계인 모듈러를 고안해서 이를 바탕으로 건축의 부재치수 규격화를 추진할 것을 제안하였다. 그리고 자신의 건축에서도 실천하였다.

그러나 코르뷔지에를 제외하고 20세기의 공업화, 프리패브리케이션화를 상정하고 제안된 수많은 모듈시스템은 모두 제안 수준에 그치고 하나도 실제로 보급된 것이 없었다. 일본의 프리패브리케이션 성공을 주도했던 우치다도 당연히 모듈러시스템에 지대한 관심을 보였다. 그의 대학연구실에서도 많은 연구가 진행되었고, 수많은 시험작과 실험주택이 만들어졌다. 그러나 이 시행착오를 거듭한 결과 최종결론은 「일본의 재래목조를 이길 수 있는 모듈러 코디네이션은 없다」라고 하는 것이었다.

일본의 재래목조는 「느슨한 모듈러 코디네이션」이었기에 궁극의 유동성을 확보할 수 있었다는 것이 우치다의 발견이다. 「느슨함」 중 하나는 이 치수체계가 인체치수인 1.8m를 기준으로 하면서도 다타미에는 조금 더 큰 교마(京間)와 조금 더 작은 에도마(江戸間)가 있어 상당히 애매하고 상황에 따라 적당히 맞출 수 있는 부분이 있다는 것이다. 한편 서구의 모듈은 고대 『건축십서』로부터 엄밀함이 중요시되어 코르뷔지에도 피보나치수열이라고 하는 고도의 수학을 구사하여 밀리미터 단위까지 치수를 확정하고자 하였다.

그렇게 엄밀히 치수가 규정되어 있으면, 벽 등 건축재의 두께를 처리하지 못하게 된다. 치수를 측정하는 방법에는 사물과 사물의 사이 간극을 측정하는 우치노리(內法, 안목치수)라고 하는 방법과 사물의 외측 윤곽에서 외측 윤곽까지를 측정하는 소토노리(外法, 외측치수)라고 하는 방법이 있으며, 사물과 사물의 중심선 사이 거리를 측정하는 신오사에(芯押さえ, 중심선치수)라고 하는 방법이 있어서, 이들은 경우에 따라 혼용된다. 교마의 다타미는 기둥의 안목치수를 기준으로 하는 간사이의 모듈 코디네이션에서 생겨는 크기이며, 에도마는 기둥과 기둥의 중심선 치수에서 생겨난 수법이다. 사물에는 무엇이든 두께라는 것이 있어서 이렇게 수학에서는 처리할 수 없는 번잡하고 애매한 것이 생겨난다. 아무리 모듈을 밀리미터 단위로 결정한다고 하여도 이를 현실공간에 응용하고자 하는 순간에 다양한 모순이 생겨나며, 공업화와 합리화를 고려할 여지도 사라지는 것이다.

그러나 그렇다고 하여도 일본인은 모듈러 코디네이션 자체를 방기하려고는 하지 않았다. 이것이 일본인의 끈

질김이었다. 대체로 1.8m 정도라고 하는 기준치수라도 공유하게 되면 건축의 설계와 시공은 프리패브리케이션 건축이라고 불러도 좋을 유동성과 합리성을 획득할 수 있다는 것을 일본인은 알고 있었던 것이다.

일본 목조건축의 부드럽고 유연한 시스템 자체가 놀랄 정도로 「느슨한 모듈러시스템」을 가능하게 했다. 우선 소경목으로 구성된 일본의 목조는 벽이나 기둥, 그리고 창호도 모두가 얇았다. 얇게 만드는 것으로 두께에 의한 오차라고 하는 숙명으로부터 어느 정도 자유로워질 수 있다는 것을 일본인은 학습한 것이다. 한편 석재나 벽돌 등의 「너무 두꺼운 재료」로 구성된 유럽이나 중국의 건축에서는 안목치수와 외측치수의 차이는 무시할 수 없을 정도로 커지고 만다.

두께와 관련된 문제를 해결할 수 있었던 또 하나의 비밀은 나무는 유연한 재료라고 하는 점이다. 석재, 벽돌, 콘크리트 등을 현장에서 가공하는 것은 쉽지가 않다. 그러나 나무는 현장에서 자유롭게 치수 조정이 가능한 유연한 재료이다. 정확하지 않더라도 적당한 치수의 목재를 현장에 가져오고 나중에 그 자리에서 자르고 깎아서 맞추거나 조금씩 조정해도 문제가 없다.

일본의 재래목조주택에서 즐겨 사용했던 재료는 나무에 국한되지 않았지만 모두 유연하고 조정하기 쉬운 것들이었다. 영속성과 내구성을 상기시키는「단단한」소재를 즐겨 사용했던 유럽과는 대조적인 기준으로 일본의 건축소재는 선택되었다.

일견 단단하고 육중한 느낌의 토벽마저도 일본에서는 유연한 재료로 취급되었다. 나무기둥과 기둥의 간격을 최후에 메우기 위해서 고체보다는 더 유연한 액상의 진흙 페이스트가 일본 토벽의 정체였던 것이다. 토벽은 벽이 아닌 액체였던 것이다.

우치다는 일본건축은 단단함을 기준으로 소재가 선택되고 시공순서도 결정한다는 것을 역설하였다. 형태건축론이나 외관의 건축론에 대해서는 다양하게 접해 봤지만, 단단함을 기준으로 서술하는 건축론은 처음으로 만났고, 따로 들어본 적도 없다. 이는 어떤 의미에서는 형태가 아닌 물질 그 자체를 기준으로 하는 새로운 건축론이라고 보아도 좋을 것이다.

일본건축에서는 우선 단단한 소재부터 시공을 시작하고, 이후에 서서히 유연한 소재를 채우거나 덧붙인다. 이 시공순서에 의해 현장에서의 다양한 미세 조정이 가능해지고, 대충 적당히 이루어지는 것처럼 보이는 느슨한 모듈러 코디네이션이 훌륭하게도 합리적이고 유연한 시스템으로 기능하게 되었다. 시공순서라고 하는 시간축이 내장되어 있다는 점이 일본건축을 일본건축답게 해 주는 것이다.

버블 붕괴와 목조와의 만남

우치다가 가르쳐 준 작고 유연하고 느슨한 건축을 내가 바로 만들 리가 없었다. 이는 전후 부흥에서 고도성장으로 이어지는 시대 속에서 일본인이 잃어버렸고 일본의 건축계가 잊어버린, 얼핏 수수해 보이지만 놀랄 정도로 깊이 있는 방법이었다.

이 방법을 내 스스로 익혀서 자신의 것으로 만들기 위해서는 또 하나의 우연이 겹쳐야만 했다. 이는 버블경제의 붕괴라고 하는 사건이었다.

내가 자신의 설계사무소를 차린 것은 1986년, 버블로 부상한 도쿄에서 디벨로퍼나 어패럴 관계의 일들에 쫓기는 날들을 보냈다. 당시는 주택 이외의 건물을 나무로 지으려고 하는 클라이언트는 전혀 없었으므로 당연히 모든 건축을 콘크리트로 건설하였다. 그러나 1991년 돌연 버블이 무너지면서 도쿄에서의 일은 완전히 취소되었다. 잃어버린 10년이라고 불리는 90년대, 결국 도쿄에서는 단 하나의 건축을 세우는 것도 불가능했다.

이렇게 어떤 일도 들어오지 않던 나에게 고지(高知)와 에히메(愛媛)의 접경에 있는 마을, 유스하라쵸(檮原町)에 놀러 오지 않겠냐고 하는 요청이 있었다. 유스하라는 「도사(土佐)의 티베트」라고 불리는 산속으로, 남쪽 지방에 있음에도 불구하고 11월부터 눈이 내리는 곳이다. 여기에 전후 바로 세워진 목조 소극장이 있는데 이것이 무너질 것 같으므로 와서 진단해 주었으면 좋겠다는 것이다.

공항에서 4시간을 달려서 도착한 소극장은 상상 이상으로 훌륭한 건축이었다. 우선 얇은 나무기둥에 놀랐다. 150명을 수용하는 극장의 공간은 적당히 큰 공간이지만, 이를 지탱하는 기둥이 작은 목조주택처럼 화려하고 얇은 것이었다. 우치다에게서 일본의 목조는 소경목의 목조라고 배웠지만 공간의 크기와 비교해 보면 정말 괜찮을지 걱정이 될 정도로 얇았다. 자세히 살펴보면 양측 높은 곳에 설치된 좌석에 기둥을 세우고, 2열의 기둥으로 주위를 둘러싼 정교한 내진구조로 되어 있다. 얇은 기둥은 오래된 주택에 안내를 받은 것처럼 친밀감을 주었다.

2000년 이후 지구온난화 대책의 하나로서 목조건축을 증대시키자고 하는 움직임이 세계적으로 활발해졌는데 주택보다 큰 건물을 나무로 만드는 데에는 두꺼운 집성재를 사용하는 것이 일반적이며, 목조이면서도 콘크리트제 기둥이나 보처럼 강한 부재로 내부를 채우는 것이 일반적 경향이었다. 그러한 「두꺼운 목조」와 유스하라에 있었던 소극장(1946)의 「얇은 목조」, 「소경목의 목조」는 동일한 목조라고는 생각하기 어려울 정도로 인상이 달랐다.

천정은 평평한 격자천정으로 경사지붕과 평천정의 사이 대공간을 와고야로 구성하여 내진성능을 확보하는 것도 우치다에게 배웠던 유동성이 높은 일본건축 나름의 수법이었다. 바닥은 넓었다. 오늘날과 같은 싸구려 의자는 전혀 없었고, 세월이 흐르며 어두운 색감이 짙어지는 원목 판자마루로 되어 있고 그 위에 방석이 흩어져 놓여 있었다.

상상을 훨씬 넘어선 나무극장과 만난 후 마을촌장 및 도사지역 유지들과 술자리를 가졌는데, 나는 거기서 이

극장의 가치 그리고 훌륭함에 대해 열변을 토했다. 이러한 경위가 있고 나서 극장은 철거하지 않고 지혜를 모아서 이용해 보자는 방향을 선택했다. 이후 내 친구 가토 도키코(加藤登起子) 씨나 바이올리니스트 사와 가즈키(澤和樹) 씨도 이 목조극장의 매력에 빠져서 여러 번 이 산속 극장에서 콘서트를 열었다.

그 술자리가 계기가 되어 나는 유스하라쵸로부터 화장실과 숙박시설의 설계를 의뢰받았다. 버블 붕괴로 도쿄의 일이 모두 최소된 후 첫 의뢰라서 너무 기뻤고 이 일은 80년대 버블기의 「홍청망청」한 건축과는 완전히 다른 충실감으로 즐거움을 주었다.

이 충실감이란 한마디로 말하자면 제작현장에 서 있을 수 있음에 대한 즐거움이었다. 80년대 도쿄에서는 도면을 그리고 이를 건설회사에 넘기기만 하였다. 공사가 시작되고 현장소장이라고 하는 책임자가 등장하였고, 소장 이외의 직원들과는 커뮤니케이션이 일절 금지되었다. 내가 직원과 직접 대화하여 「이곳의 마감디테일은 이렇게 하자 저렇게 하자」, 「이 재료는 생각보다 싸 보이니까 저쪽 것을 사용하자」 등의 대화를 시작하면 현장은 정리를 할 수 없게 되고 만다는 것이 이유였다. 그리고 유일하게 대화가 허락된 상대인 소장은 스케줄과 공사비 외에는 관심이 없는「우수한 매니저」였기에 마감이나 소재에 관한 상담에는 전혀 대응해 주지 않았다.「선생의 디자인은 훌륭하지만, 이 현장은 그 정도 예산은 없습니다」라고 은근히 무례하게 현장의 직원들과의 커뮤니케이션을 거절당하는 것이 보통이었다.

그런데 유스하라에서는 완전히 반대였다. 작은 현장에서 직원들이 일을 하고 있으면 그 옆에 다가가서 나는 그들을 방해하였다.「방해하지 마」라고 혼날 각오를 하고 말을 건네고 질문을 쏟아내었다.「여기는 왜 이렇게 되었지?」「여기는 조금 거친 질감의 마감으로 안 될까?」「이쪽의 모서리 더 예리한 느낌으로 잘 안 되나?」……

머리에서 나오는 것이 아닌 사물에서 생각하는 방법

여기에서 그들로부터 배운 것은 내 일생의 보물이 되었다. 거기에서 단순히 건축의 시공에 대한 여러 자세하고 구체적인 지식을 체득할 수 있었던 것은 아니다. 내게 이미 익숙해져 버린 설계방법론을 대신하여 새로운 방법론을 유스하라의 현장에서 배웠던 것이다. 이는 「머리로 설계한다」는 것이 아니라 「사물에서 생각한다」라는 방법이며, 「위로부터의 설계」가 아닌 「아래로부터의 설계」라고 하는 방법론이었다.

이 전환은 유스하라의 건물이 목조였던 것도 깊이 관계가 있다. 산속에 있는 유스하라의 주요 산업은 임업이고, 소극장도 전후 부흥으로 임업이 호황이었을 때에 마을의 유지가 세운 목조건축이었다. 화장실과 숙박시설의 설계를 의뢰받았을 때 「디자인은 맡기겠지만 유스하라 삼림의 나무로 건설해 달라」고 당부하였다. 당시까지 버블 기간 수년간 도쿄에서는 콘크리트건축밖에 짓지 않았다. 「콘크리트화」가 국가목표였던 전후 일본에서는 콘크리트가 등급이 높고, 고급이며, 난이도도 높은 것으로 되어 있었다. 콘크리트 건물을 설계할 수 있는 1급 건축사가 레벨이 높고, 목조설계만 가능한 2급 건축사는 저레벨로 간주되었다.

그러나 내 경험으로 말하자면 목조설계가 훨씬 어렵다. 콘크리트건축의 경우 건축 외형과 벽의 위치를 결정하고, 이 윤곽선 속에 구조 계산전문가의 계산대로 철근을 배치한다. 액상의 콘크리트를 쏟아부으면 이것이 어떠한 형태를 하고 있더라도 자동적으로 강하고 밀폐성이 높은 고체가 완성된다. 이를 구체(軀體)라고 부르는데, 이 강건한 구체 위에 타일이나 비닐벽지 등 매끈한 마감재료를 텍스처 맵핑이라고 불리는 렌더링 수법과 같은 방법으로 붙이기만 하면 되는 것이다. 1급 건축사가 설계하는 콘크리트건축이라는 것은 이렇게 단순하고 유치한 시스템으로 완성된다.

한편 목조건축은 작은 부재를 하나씩 하나씩 연결하여 조립하고 공기나 비가 새지 않도록 모든 간극을 막지 않으면 안 되므로, 설계에 드는 수고로움은 몇 배에 달하고 경험도 필요로 한다. 우치다로부터 이 작은 것을 조립하는 시스템의 유연성과 합리성을 배우기는 했지만 막상 내 스스로 하려고 하니 완전히 달랐다. 유스하라의 삼림으로 만들어달라고 했을 때 솔직히 큰일났다고 되뇌었다.

그러나 거기에서 목조에 도전하고 다수의 실패로 고난을 반복하면서 나는 다른 자신으로 다시 태어나는 것을 느꼈다. 게다가 유스하라에는 주역인 목수들뿐만 아니라 주위에 실력 좋은 기술자가 항상 있어서 좋은 선생님이 되어주었다. 미장공, 죽세공사, 창호 기술자, 가구 목수, 다타미 기술자, 석공 등 그들과의 대화를 통하여 자신이 배웠던 콘크리트건축이 얼마나 얄고 저급한 것이었는지를 깨닫게 되었다.

일본의 목조건축은 「구체」와 「마감」이라고 하는 단순한 이분법에 의해서 만들어지지 않고 다양한 작은 요소들이 서로 합쳐지고 도와주면서 부드럽게 물리적으로, 그리고 시간적으로 연결되어 있다. 각각의 부재 옆에는 그 부재의 습성을 잘 이해하는 기술자들이 조용히 대비하고 있어서 이 부재들이 서로 도움을 준다는 것은, 즉 기술자들이 서로 도와 부드럽게 연결되어 있음을 의미하는 것이기도 하다. 그리고 기술자들이 연결되어 있다는 것은 건축이 커뮤니티와 연결되어 있어서 커뮤니티와는 끊어낼 수 없다는 것이 된다. 이런 관계들이 부드러울 뿐만 아니라 건축은 완성 이후에도 부드러운 결합을 지속적으로 유지되어, 이후 다양한 생활이나 세월의 변화에도 유연하게 대응할 수 있다.

우치다는 프리패브리케이션 주택의 개발 프로세스 중에서 건축의 유연성 문제를 철저히 파고들었기에 목조주택이 갖는 이 유연성의 비밀에 도달하는 것이 가능했다. 나는 이 부드러운 결합의 실제를 유스하라에서 체험하고, 자신도 이 순환고리를 구성하는 한 명이 되는 것이 가능했다. 나도 또한 눈으로는 보이지 않는 이 비밀을 공유하는 멤버가 될 수 있었던 것이다.

잃어버린 10년과 새로운 일본

그후 90년대는 일본에 있어서 「잃어버린 10년」이었을 뿐만 아니라 나에게도 도쿄에서의 일은 아예 없어진 「잃어버린 10년」이었다. 그러나 그 덕분에 내 자신에게는 많은 자유와 여유로운 시간이 가능했다. 이 시간을 활용하여 유스하라에서 몸에 익혔던 방법을 다양한 지방, 다양한 시골에서 실천할 기회를 얻을 수 있었던 것이다.

이 10년은 나한테는 전환이었을 뿐만 아니라 일본이라는 국가에도 커다란 전환이었다. 전후 일본은 냉전의 파트너를 필요로 하는 미국 측 사정과 전후 부흥의 강력한 엔진을 필요로 하는 일본 측 사정이 겹쳐서 「건축」이라고 하는 엔진을 중심으로 놀라운 스피드로 부흥을 이뤄내고, 이 엔진은 경제뿐만 아니라 정치, 문화를 포함한 일본사회 전체의 엔진으로서 기능하였다. 「콘크리트」야말로 이 엔진의 핵심에 위치해 있었다.

이 「콘크리트」를 중심으로 전후체제가 버블경제의 붕괴를 계기로 하여 무너지고 「잃어버린 10년」이 도래했다. 건축은 세금낭비이자 환경파괴의 원흉이라며 다양한 건축비판이 일어났다. 「반건축(反建築)」의 목소리에 귀를 기울이고, 이 차가운 비판적 공기를 등 뒤에서 느끼면서 나는 90년대에 지방을 돌며 활동했다. 지금 돌이켜보면 도쿄에서 일이 사라진 것도 행운이었고 「반건축」의 역풍을 강하게 느끼면서 일을 할 수 있었던 것도 나에게는 행운이었다. 건축의 무엇이 문제인지, 그리고 어떤 것을 싫어하는지 철저히 생각하고 부딪혀 볼 수 있었기 때문이다.

나는 우치다의 밝은 목소리를 추억하면, 지방의 기술자들과의 일을 한껏 즐기는 것으로 그 상황에 맞설 수 있었다. 그리고 기술자들과 지방의 소재로 만든 건축이 지역민들에게 사랑받는 모습을 직접 눈으로 확인하고 이 작은 건축이 해외에서 호평을 받았을 무렵, 이윽고 자신의 방법에 대한 자신감과 감각이 싹을 틔우게 되었다.

그러한 의미에서 그 시기에 도쿄에서 일을 잃고 그 시기에 「반건축」의 비판에 노출된 것은 참으로 절묘한 타이밍이자 행운이었다고 할 수밖에 없다. 지방을 돌며 만난 적이 없는 사람과 만난 결과, 나는 드디어 일본건축이라고 하는 것을 만났던 것이다. 정말 만났다고 하는 표현이 적합할 정도로 일본건축은 신선했고 미래적이었다. 사체도 골동품도 아니었다. 이 약함과 작음, 그리고 느슨함을 무기로 삼아 인간을 억압하는 20세기라고 하는 시대와 결정적으로 대결해 보고자 결의를 다진 것이다.

맺으며

8년에 걸쳐서 이 한 권의 책을 탈고하였다. 일본의 건축이라고 하는 길고도 깊은 역사를 마주하고 에세이 같은 글로 마치고 싶지는 않았다. 하나의 거대한 역사관 같은 것을 손에 쥘 수 있게 되기까지, 계속 걸어 다니고 계속 생각해 왔기 때문에 이 정도 시간이 걸린 것이다.

종래의 일본건축사가 지루했던 것은 이항대립에 있다고 느꼈다. 서구에서 출발한 「새로운」 모더니즘 vs 「오래된」 일본건축의 대립, 또는 「바르고 순수한」 일본건축 vs 「장식적이고 잘못된」 일본건축이라고 하는 대립은 어느 쪽이든 지루하다. 기실 그 내면에 있는 것은 모더니즘건축을 철저히 지배하는 서구적이고 독선적인 배타주의이다. 하나의 선으로 이루어진 일본건축사관이 모더니즘의 배타주의에 의해 증식되어 일본건축과 관련된 논의를 한층 빈약하게 하고 만 것이다.

이 이항대립을 대신할 전망을 보여주는 것으로 등장한 것이 복수의 주체, 지역, 계급의 투쟁과 대립에 의해 생성된 다양성을 품은 다이나믹한 일본건축사이다. 이는 일본인에 의해서만 만들어진 것은 아니다. 일본 내외에서 대각선적으로 영향을 교차하는 열린 역사인 것이다.

한편 이 작고 닫힌 국토 속에서 갈고닦으며 일본건축은 다른 지역의 건축양식에는 없는 고도의 세련과 정밀도를 획득하였고, 세계를 매료시키는 퀄리티를 달성하였다. 그러나 이는 연마하는 프로세스이면서 동시에 폐쇄하고 배제하는 프로세스였으며, 권위주의와 파벌주의와 일체화되었다.

이 갈고닦는 흐름이 닳고닳아서 숨이 막혀 갈 때에 외부세력이 구멍을 뚫고 다음 단계의 전개를 가져왔다. 대불양(大佛樣), 선종양(禪宗樣), 수키야(數奇屋)에서 이미 이 천공작업을 취할 수 있었는데, 외국인의 비판적 참가가 없었다면 메이지 이후의 자극적인 화풍건축은 존재할 수 없었다. 전후에는 냉전과 마르크시즘이 일본건축을 크게 요동치게 했다.

이에 더하여 지진, 쓰나미, 태풍이라고 하는 다양한 자연재해가 반복적으로 덮쳐 왔다. 자연재해도 또한 이 닫히고 농축되어 가는 프로세스를 변성시키는 역할을 담당하였다.

이 시기의 나 자신이 실제로 근래 빈발하는 자연재해에 의해 크게 흔들리고 있었고, 또 함께 만들며 일하는 외국인 클라이언트나 스태프들로부터 다양한 자극을 받아서 자신의「일본건축」이 변화해 가는 것을 느꼈다.

그 결과로서 내 안에 생겨난 사회생활과 민중에 관한 관심에 있어서는 이 영역에 대한 연구를 계속해 온 시노하라 사토코(篠原聰子)로부터 많은 것을 배웠으며, 이와나미서점(岩波書店) 마츠모토 가요코(松本佳代子)의 충고와 격려는 8년간 사고를 지속할 수 있게 해 주었다. 아틀리에의 이나바 마리코(稻葉麻里子)에게는 다른 저작과 마찬가지로 정리, 편집에서 신세를 졌다. 이 여성분들 덕분에 닫혀 있던 남성주의로부터 자유로운 일본건축론이 완성되었다.

구마 겐고(隈研吾)

구마 겐고의『일본 건축 이야기』는 건축의 근대화 과정
에서 일본건축이 변화하는 과정을 저자의 관점에서 해석
하고 자신의 견해를 밝힌 글이다. 저자는 시간순으로 구
성하는 등 역사서의 서술체계를 상당 부분 따르고 있지
만 역사서로서 이 글을 작성했다기보다는 저자의 역사
적 해석을 기반으로 자신의 견해를 피력하는 것에 중점
을 둔 저서라고 할 수 있다. 그 의도를 극대화하기 위하
여 이항대립이라는 대립구도를 전면에 내세웠고 이를 통
해 저자의 의견이 잘 드러나도록 하였다. 역사적 사건과
역사서술을 수단으로 활용하였을 뿐이지 본 저서를 역사
서로 간주하는 것은 타당하지 않다고 판단된다.

그렇기 때문에 역사서를 평가하는 기준으로 이 책을
평가하는 것은 옳지 않다고 할 수 있다. 실제로 이 책에
서 다루는 역사적인 서술에서는 다소의 오류가 확인되기
도 한다. 특히 한국과 중국의 건축에 대한 서술에서는 저
자의 정보부족이라고밖에 볼 수 없는 서술도 확인된다.

하지만, 본 저서에서 과연 그러한 오류가 결정적인 문제를 야기시킨다고 할 수 있을까? 물론 건축역사학자인 역자의 입장에서 이러한 오류를 수정하고 싶은 충동을 느끼는 것도 사실이지만, 이 책의 목적과 저자의 의도를 생각하면 이 오류는 크게 중요하지 않다고 여겨진다. 따라서 번역은 최대한 원문을 그대로 반영하는 방향으로 진행하였다. 역자와 견해가 다르거나 명백한 오류라고 판단되더라도 수정하지 않고 그대로 번역하는 것을 기본 방침으로 삼았다. 역자주는 한국에서는 사용하지 않는 어려운 일본 건축용어를 설명하기 위한 수단으로만 제한적으로 활용하였다. 저자의 의사 전달에 있어서 불필요한 저해 요소는 최대한 배제하고 저자의 원문을 최대한 역서에 반영하고자 노력하였다.

본 저서의 가치는 세계적인 건축가인 저자가 스스로의 건축에 있어서의 정체성에 대하여 역사적인 분석을 통해 설명하고 있다는 점에서 찾을 수 있다. 저자는 먼저 이 항대립 구조를 바탕으로 일본건축의 근대화 과정에 대한 역사적인 분석을 행하였고, 이를 자신의 건축관 형성이나 발전과 연계하는 방식으로 서술하였다. 건축설계에서 역사학의 활용성과 중요성을 보여주었다는 점이 이

책의 중요한 시사점이라고 할 수 있다.

결국 저자가 건축역사학자가 아닌데 역사학 서적의 관점에서 이 책을 바라보는 것은 너무 가혹하다고 생각한다. 저자가 언급한 것처럼 건축사라고 하는 것이 과거에 박제되어 있는 것이 아닌 오늘날에도 여전히 작용하고 미래에도 힘을 발휘할 수 있어야 하는 것이라면, 저자가 강조하는 것처럼 건축사학은 죽어 있는 건축사가 아닌 살아 있는 건축사로 존재하여야 한다. 저자는 나름의 논리로 죽어 있는 건축사학에 생명력을 불어 넣는 방법을 소개하고자 하였다. 이를 통해 보다 많은 사람들이 건축역사학이 가진 힘을 이해하고 독자들이 각자 자신의 건축관을 형성함에 있어서 이 건축역사를 활용할 수 있기를 기대하는 심리가 담겨 있다고 할 수 있다. 그런 점에서 저자의 저작활동과 주장을 응원하게 된다. 시대의 창을 통해 건축을 보는 것, 그러한 역사적인 접근을 통해 건축을 이해하는 것, 그것을 건축가가 자신의 건축 속에 녹아내는 것, 이러한 건축가가 건축역사학을 깊이 이해하고 자신의 건축으로 승화시키는 것에 대하여 그 중요성을 본 저서를 통해 피력하고 있다고 할 수 있다.

이 책은 비록 일본건축을 다루는 『일본 건축이야기』라

는 책이지만 그 속에는 한국에서 건축을 공부하고 건축가의 길을 걷는 이들, 그리고 한국에서 건축역사학을 연구하는 이들에게 시사하는 바가 크다고 여겨진다. 건축역사학에 대한 심도 깊은 이해 없이 한국성과 전통성을 부르짖는 건축가들, 그리고 암기과목으로만 여기며 건축역사학의 어려운 용어들을 어렵사리 외우는 것으로 건축사 공부를 열심히 했다고 착각하는 학생들, 본인의 연구가 건축계에서 어떤 가치와 의미를 부여하는지 모르고 그저 연구를 위한 연구로서 지엽적인 문제제기에 대한 해답을 찾는 데만 몰두하는 연구자들, 우리는 이러한 사람들을 주변에서 항상 목도한다. 이 비난에서 역자 본인도 자유롭지 못하기는 마찬가지이다. 마치 이런 우리에게 구마 겐고는 이 책을 통해 직접 시범을 보여주는 것만 같다. 이 정도 고민하고 이 정도 분석해도 오류가 있다는 이유로 평가절하되기 마련인데 과연 피상적인 감정으로 쏟아 놓는 표면적 이해 속에서 한국성과 전통성은 쉽게 찾아질 것인가? 지금까지도 찾기 어려웠던 이 질문에 대한 답은 이 책을 접하고 나니 더더욱 갈 길이 멀게만 느껴진다.

서동천

주요 참고문헌

제1장

타우트

- 『일본미의 재발견(日本美の再発見) 증보개역판』篠田英雄 역, 岩波新書, 1962
- Manfred Speidel(Hrsg.), *Bruno Taut in Japan DAS TAGEBUCH ERSTER BAND 1933* Gebr. Mann Verlag Klaus, 2013.(『일본(日本) - 타우트의 일기(タウトの日記) 1933년』시노다 히데오 역, 1975)

가쓰라리큐(桂離宮)와 이시모토 야스히로(石元泰博)

- 藤岡通夫, 『교토어소(京都御所)』, 中央公論美術出版, 1967
- 발터 그로피우스, 丹下健三, 石元泰博, 『가쓰라(桂) KATSURA - 일본건축에서의 전통과 창조(日本建築における伝統と創造)』, 造型社, 1960
- 丹下健三, 石元泰博, 『가쓰라(桂) - 일본건축에서의 전통과 창조(日本建築における伝統と創造)』, 中央公論社, 1971
- 磯崎新, 熊倉功夫, 佐藤理 해설, 石元泰博, 『가쓰라리큐(桂離宮) - 공간과 형태(空間と形)』, 岩波書店, 1983
- 磯崎新, 日埜直彦 청취록, 「「(가쓰라)桂」/ 타우트 - 중층적인 텍스트로서의(重層的なテキストとしての)」, 『10+1』42호, 2006년 3월
- 石元泰博, 「저서의 해제(著書の解題) - 10 『KATSURA』·『가쓰라(桂)』·『가쓰라리큐(桂離宮)』」, 『INAX REPORT』176호, 2008년 10월

단게 겐조(丹下健三)

- 「대동아건설기념영조계획(大東亜建設記念営造計画)」, 「충령신역 계획요지(忠靈神域計画主旨)」, 『건축잡지(建築雑誌)』693호, 1942년 12월
- 「한 자루의 연필에서(一本の鉛筆から)」, 日本経済新聞社, 1985

- 富川斎赫 편,『단게 겐조 건축논집(丹下健三建築論集)』岩波文庫, 2021
- 丹下健三, 藤森照信,『단게 겐조(丹下健三)』, 新建築社, 2002
- 香川県庁舎50周年記念プロジェクトチーム企画, 「가가와 현청사(香川県庁舎) 50」, ROOTS BOOKS, 2009
- 『단게 겐조(丹下健三) 전통과 창조(伝統と創造) - 세토나이에서 세계로(瀬戸内から世界へ)』, 北川フラム 감수, 美術出版社, 2013
- 富川斎赫 편,『단게 겐조와 겐조 단게(丹下健三と KENZO TANGE)』, オーム社, 2013
- 富川斎赫,『단게 겐조(丹下健三) 전후 일본의 구상자(戦後日本の構想者)』, 岩波新書, 2016
- 단게 도시건축 설계(丹下都市建築設計) 공식 사이트 https://www.tangeweb.com/history/(2023년 11월 열람)

제 2 장

라이트
- 『자연의 집(自然の家)』富岡義人 역, ちくま学芸文庫, 2010
- 케빈 뉴트(Kevin Nute),『프랭크 로이드 라이트와 일본문화(フランク・ロイド・ライトと日本文化)』大木順子 역, 鹿島出版会, 1997
- 마고 스타이프(Margo Stipe),『프랭크 로이드 라이트 프트폴리오(フランク・ロイド・ライト・ポートフォリオ) - 민낯의 초상, 작품의 진실(素顔の肖像, 作品の真実)』, 隈研吾 감수, 酒井泰介 역, 講談社, 2007
- 존 피터(John Peter),『근대건축의 증언(近代建築の証言)』, 小川次郎, 小山光, 繁昌朗 역, TOTO出版, 2001
- 富岡義人, 「탄생 150년(生誕150年) 프랭크 로이드 라이트의 오늘날 의의(フランク・ロイド・ライトの今日的意義)」,『근대건축(近代建築)』2017년 6-8월호

후지이 코지(藤井厚二)
- 藤井厚二研究会 감수,『후지이 코지 건축저작집(藤井厚二建築著作集) 제1권 일본의 주택(日本の住宅) (자필 원고)』, ゆまに書房, 2020

- 상동, 『후지이 코지 건축저작집(藤井厚二建築著作集) 제2권 조치쿠쿄 도안집(聽竹居圖案集)/속 조치쿠쿄 도안집(聽竹居圖案集)』, ゆまに書房, 2020
- 상동, 『후지이 코지 건축저작집(藤井厚二建築著作集) 제3권 조치쿠쿄 작품집(聽竹居作品集) 2/ 철근콘크리트의 주택(鐵筋混凝土の住宅)』, ゆまに書房, 2020
- 상동, 『후지이 코지 건축저작집(藤井厚二建築著作集) 제4권 스케치북(スケッチブック) 1·2』, ゆまに書房, 2020
- 상동, 『후지이 코지 건축저작집(藤井厚二建築著作集) 제7권 후지이 코지 구미 시찰 일기(藤井厚二歐米視察日記)』, ゆまに書房, 2021
- 상동, 『후지이 코지 건축저작집(藤井厚二建築著作集) 제8권 주택에 대하여(住宅に就いて)』, ゆまに書房, 2021
- 상동, 『후지이 코지 건축저작집(藤井厚二建築著作集) 제9권 THE JAPANESE DWELLING-HOUSE』, ゆまに書房, 2021
- 상동, 『후지이 코지 건축저작집(藤井厚二建築著作集) 제10권 후지이 코지 저작·관계 문헌 선집(藤井厚二著作·関係文献選集)』, ゆまに書房, 2021
- 상동, 『후지이 코지 건축저작집(藤井厚二建築著作集) 보권2 번각(翻刻) 주택에 대하여(住宅に就いて) / 번역 THE JAPANESE DWELLING-HOUSE / 해설』, ゆまに書房, 2022
- 松隈章, 古川泰造, 『조치쿠쿄(聽竹居) - 후지이 코지의 목조 모더니즘건축(藤井厚二の木造モダニズム建築)』, 本凡社コロナブックス, 2015
- 松隈章, 『목조 모더니즘건축의 걸작(木造モダニズム建築の傑作) 조치쿠쿄(聽竹居) - 발견과 재생의 22년(発見と再生の22年)』, ぴあ, 2018

호리구치 스테미(堀口捨己)

- 堀口捨己, 『초정(草庭) - 건물과 다도의 연구(建物と茶の湯の研究)』, 筑摩叢書, 1968
- 『건축논총(建築論叢)』, 鹿島出版会, 1978
- 『호리구치 스테미 작품·집과 정원의 공간 구성(堀口捨己作品·家と庭の空間構成)』, 鹿島出版会, 1978
- 藤岡洋保 편, 『호리구치 스테미 건축논집(堀口捨己建築論集)』, 岩波文庫, 2023
- 「대례기념 국산진흥 도쿄박람회를 본 감상 두 가지 주제(大礼記念国産振興東京博覧会を見て感想二題)」, 『일본건축사(日本建築士)』, 1928년 5, 6월호

- 藤岡洋保, 『표현자·호리구치 스테미(表現者·堀口捨己) - 종합예술의 탐구(総合芸術の探求)』, 中央公論美術出版, 2009
- 상동, 「쇼와 초기의 일본건축계에 있어서 「일본적인 것」(昭和初期の日本の建築界における「日本的なもの」) – 합리주의 건축가에 의한 새로운 전통 이해(合理主義の建築家による新しい伝統理解)」, 『일본건축학회 계획계 논문보고집(日本建築学会計画系論文報告集)』 412호, 1990년 6월
- 상동, 「표현자·호리구치 스테미(表現者·堀口捨己) - 종합예술의 탐구(総合芸術の探求)」 10＋1website 「특집 건축가란 무엇인가(建築家とは何か) - 호리구치 스테미, 고지로 유이치로의 질문(堀口捨己, 神代雄一郎の問い)」 2013년 6월. https://www.10plus1.jp/monthly/2013/06/issue02.php (2023년 11월 열람)
- 磯崎新, 日埜直彦 청취록, 「호리구치 스테미(堀口捨己) 모더니즘에서 「일본적인 것」으로의 전환(モダニズムから「日本的なもの」への転回)」, 『10＋1』 43호, 2006년 7월

제 3 장

요시다 이소야(吉田五十八)

- 『요설초(饒舌抄)』, 新建築社, 1980 / 中公文庫, 2016
- 栗田勇 감수, 『현대 일본건축가 전집(現代日本建築家全集) 3 요시다 이소야(吉田五十八)』, 三一書房, 1974
- 吉田五十八建築展実行委員会, 東京藝術大学美術学部建築科 편 『요시다 이소야 건축전(吉田五十八建築展)』, 財団法人芸術研究振興財団, 1993
- 吉田五十八作品集編集委員会 편, 『요시다 이소야 작품집(吉田五十八作品集)』, 新建築社, 1976
- 砂川幸雄, 『건축가 요시다 이소야(建築家吉田五十八)』, 晶文社, 1991
- 藤森照信, 田野倉徹也, 『이소야 씨의 수키야(五十八さんの数寄屋)』, 鹿島出版会, 2020

무라노 토고(村野藤吾)

- 栗田勇 감수, 『현대 일본건축가 전집(現代日本建築家全集) 2 무라노 토고(村野藤

吾)』, 三一書房, 1971

- 和風建築社 편,『무라노 토고(村野藤吾) 화풍건축 작품 상세도집(和風建築作品詳細図集) 1 주택 편(住宅編)』, 建築資料研究社, 1986
- 상동,『무라노 토고(村野藤吾) 화풍건축 작품 상세도집(和風建築作品詳細図集) 2 호텔의 화풍건축(ホテルの和風建築)』, 建築資料研究社, 1986
- 神子久忠 편,『무라노 토고 저작집(村野藤吾著作集) 전1권』, 鹿島出版会, 2008
- 村野敦子 편,『어떤 날의 무라노 토고(ある日の村野藤吾) - 건축가의 일기와 지인에게로의 편지(建築家の日記と知人への手紙)』, 六耀社, 2008
- 茶道資料館 감수,『우라센케(裏千家) 곤니치안의 다실 건축(今日庵の茶室建築)』, 淡交社, 2022
- 松隈洋,「무라노 토고의 휴머니즘 건축사상(村野藤吾のヒューマニズム建築思想) - 니혼바시 다카시마야와 무라노 토고의 건축에 대하여(日本橋高島屋と村野藤吾の建築について)」 https://www.takashimaya.co.jp/base/pc/shiryokan/tokyo/pdf/arc_vol001_sem06.pdf (2023년 11월 열람)

안토닌 레이먼드(Antonin Raymond)

- 『나와 일본건축(私と日本建築)』, SD選書, 1967
- 『자서전 안토닌 레이먼드(アントニン・レーモンド)』, 三沢浩 역, 鹿島出版会, 1970
- 三沢浩,『안토닌 레이먼드의 건축(アントニン・レーモンドの建築)」, SD選書, 2007
- 栗田勇 감수,『현대 일본건축가 전집(現代日本建築家全集) 1 안토닌 레이먼드(アントニン・レーモンド)』, 三一書房, 1971
- 『안토닌 레이먼드(アントニン・レーモンド)』, JA 1999년 봄호
- 住田常生, 小谷竜介, 大村理恵子 편저,『모던 디자인이 꾸는 삶의 꿈(モダンデザインが結ぶ暮らしの夢)』, Opa Press, 2019

제 **4** 장

니시야마 우조(西山夘三)

- 『현대의 건축(現代の建築)』, 岩波新書, 1956
- 『일본의 주거(日本のすまい) Ⅰ』, 勁草書房, 1975

스즈키 시게부미(鈴木成文)
- 『주거학 대계(住まい学大系) 101 51C 백서 나의 건축계획학 전후사(私の建築計画学戦後史)』住まいの図書館出版局, 2006
- 『주거를 말하다(住まいを語る) - 체험기술에 의한 일본 주거 현대사(体験記述による日本住居現代史)』, 建築資料研究社, 2002

우치다 요시치카(内田祥哉)
- 『디테일로 말하는 건축(ディテールで語る建築)』, 彰国社, 2018
- 『프리패브리케이션 - 근대건축의 주역(プレファブ-近代建築の主役)』, 講談社ブルーバックス, 1968
- 『건축법규(建築構法) 제5판』, 市ヶ谷出版社, 2007
- 『일본의 전통건축 구법(日本の伝統建築の構法) - 유연성과 수명(柔軟性と寿命)』, 市ヶ谷出版社, 2009
- 権藤智之, 戸田穣 편, 『우치다 요시치카는 말한다(内田祥哉は語る)』, 鹿島出版会, 2022

기타

- 芦原義信, 『도쿄의 미학(東京の美学) - 혼돈과 질서(混沌と秩序)』, 岩波新書, 1994
- 五十嵐太郎, 『일본건축 입문(日本建築入門) - 근대와 전통(近代と伝統)』, ちくま新書, 2016
- 磯崎新, 藤森照信, 『이소자키 아라타와 후지모리 테루노부의 다석 건축 담의(磯崎新と藤森照信の茶席建築談義)』, 六耀社, 2015
- 井上章一, 『전시체제의 일본건축가(戦時下日本の建築家) - 아트·키치·재패네스크(アート·キッチュ·ジャパネスク)』, 朝日選書, 1995
- 상동, 『만들어진 가쓰라리큐 신화(つくられた桂離宮神話)』, 講談社学術文庫,

1997

- 상동, 『이세진구와 일본미(伊勢神宮と日本美)』, 講談社学術文庫, 2013
- 井上充夫, 『일본건축의 공간(日本建築の空間)』, SD選書, 1969
- 今里隆, 『지붕의 일본건축(屋根の日本建築)』, NHK出版, 2014
- 상동, 『다음 세대를 살아갈 일본건축(次世代に活きる日本建築)』, 市ヶ谷出版社, 2015
- 海野聡, 『건물이 말하는 일본건축사(建物が語る日本の歴史)』, 吉川弘文館, 2018
- 상동, 『숲과 나무, 그리고 건축의 일본사(森と木と建築の日本史)』, 岩波新書, 2022
- 岡倉覺三, 『차의 책(茶の本) 개정판』, 村岡博 역, 岩波文庫, 1961
- 唐木順三, 『센노 리큐(千利休)』, 筑摩叢書, 1963
- 도널드 킨(Donald Keene), 『일본인의 미의식(日本人の美意識)』, 金関寿夫 역, 中公文庫, 1999
- 限研吾, 『구마의 뿌리(くまの根) - 구마 겐고(限研吾)·도쿄대학 최종 강의(東大最終講義) 10의 대화(10の対話)』, 東京大学出版会, 2021
- 子安宣邦, 『모토오리 노리나가(本居宣長)』, 岩波新書, 1992
- 坂本功, 『목조 건축을 다시 보다(木造建築を見直す)』, 岩波新書, 2000
- 塩野米松, 『수작업으로 배워라(手業に学べ) 기술(技)』, ちくま文庫, 2011
- 鈴木博之, 『근대건축론 강의(近代建築論講義)』, 東京大学出版会, 2009
- 상동, 『시리즈 일본의 근대(シリーズ日本の近代) 도시로(都市へ)』, 中公文庫, 2012
- 상동, 『건축(建築) 미래의 유산(未来への遺産)』, 伊藤毅 편, 東京大学出版会, 2017
- 瀬田勝哉, 『나무가 말하는 중세(木の語る中世)』, 朝日選書, 2000
- 出口顯, 『레비 스트로스(レヴィ゠ストロース) - 시선의 구조주의(まなざしの構造主義)』, 河出ブックス, 2012
- 西岡常一, 小川三夫, 塩野米松, 『나무의 생명 나무의 마음(木のいのち木のこころ) 천·지·인(天·地·人)』, 新潮文庫, 2005
- 西川祐子, 『거주와 가족을 둘러싼 이야기(住まいと家族をめぐる物語) - 남자의 집, 여자의 집, 성별이 없는 방(男の家, 女の家, 性別のない部屋)』, 集英社新書,

2004

- 原田多加司,『지붕의 일본사(屋根の日本史) - 기술자가 안내하는 고건축의 매력(職人が案内する古建築の魅力)』, 中公新書, 2004
- 상동,『사물과 사람의 문화사(ものと人間の文化史) 112 지붕(屋根) - 히와다부키와 고케라부키(檜皮葺と柿葺)』, 法政大学出版局, 2003
- 平井聖,『대역(對譯) 일본인의 주거(日本人の住まい)』, 市ヶ谷出版社, 1998
- 藤岡通夫, 桐敷真次郎, 河東義之, 渡辺保忠, 平井聖, 齊藤哲也,『건축사(建築史) 증보개정판』, 市ヶ谷出版社, 2010
- 藤田治彦, 川島智生, 石川祐一, 濱田琢司, 猪谷聡,『민예운동과 건축(民芸運動と建築)』, 淡交社, 2010
- 藤原義一,『증보 일본고건축 도록(日本古建築図録)』(上下), 京都書院, 1960, 1966
- 상동,『교토의 고건축(京都の古建築)』, 京都叢書, 1946
- 藤森照信,『일본의 근대건축(日本の近代建築)』(上下), 岩波新書, 1993
- 상동,『후지모리식 건축입문(フジモリ式建築入門)』, ちくまプリマー新書, 2011
- 藤森照信, 内田祥士, 大暢信道, 入江雅昭, 柴田真秀, 西山英夫, 桑原裕彰,『후지모리류(藤森流) 자연소재의 사용법(自然素材の使い方)』, 彰国社, 2005
- 藤森照信, 大嶋信道 편,『후지모리선생 다실 길잡이(藤森先生茶室指南)』, 彰国社, 2016
- 藤森照信, 山口晃,『일본건축 집중 강의(日本建築集中講義)』, 中公文庫, 2021
- 존 브린(John Breen),『신도 이야기(神都物語) - 이세진구의 근현대사(伊勢神宮の近現代史)』, 吉川弘文館, 2015
- 室井綽,『사물과 사람의 문화사(ものと人間の文化史) 10 대나무(竹)』, 法政大学出版局, 1973
- 森郁夫,『사물과 사람의 문화사(ものと人間の文化史) 163 기둥(柱)』, 法政大学出版局, 2013
- 상동,『사물과 사람의 문화사(ものと人間の文化史) 100 기와(瓦)』, 法政大学出版局, 2001
- 柳宗悦,『차와 아름다움(茶と美)』, 講談社学術文庫, 2000
- 山田幸一,『사물과 사람의 문화사(ものと人間の文化史) 45 벽(壁)』, 法政大学出

版局, 1981

- 吉田鉄郎, 『건축가 요시다 데츠로의 『일본의 주택』(建築家・吉田鉄郎の『日本の住宅』), 近江榮 감수, 向井覚, 大川三雄, 田所辰之助 역, SD選書, 2002
- 상동, 『건축가 요시다 데츠로의 『일본의 건축』(建築家・吉田鉄郎の『日本の建築』)』, 薬師寺厚 역, 伊藤ていじ 주해, SD選書, 2003
- 상동, 『건축가 요시다 데츠로의 『일본의 정원』(建築家・吉田鉄郎の『日本の庭園』)』, 近江榮 감수, 大川三雄, 田所辰之助 역, SD選書, 2005
- 吉田伸之, 『도시 - 에도에 살다(都市 - 江戸に生きる) 시리즈 일본근세사(シリーズ日本近世史) ④』, 岩波新書, 2015
- 吉見俊哉, 『포스트 전후사회(ポスト戦後社会) 시리즈 일본근현대사(シリーズ日本近現代史) ⑨』, 岩波新書, 2009
- 마크 램스터(Mark Lamster), 『평전 필립 존슨(評伝フィリップ・ジョンソン) - 20세기 건축의 흑막(20世紀建築の黒幕)』, 横手義洋 감수, 松井健太 역, 左右社, 2020

도판 일람

• 판권의 기재가 없는 것은 퍼블릭 도메인에 해당한다.

Taut: Visionär und Weltbürger.)

- 그림 16. 「대동아건설기념 영조계획 설계경기」 1등안 (『建築雜誌』)
- 그림 17. 「도쿄계획 1960」(단게 도시건축설계 공식사이트, https://www.tangeweb.com/works/works_no-22/에서.)
- 그림 18. 이세진구(伊勢神宮) (『일본미의 재발견(日本美の再発見) 증보개역판』(岩波新書, 1962)에서.)
- 그림 19. 구 히나타(日向) 별저 (Deutschen Werkbund Berlin (Hrsg.), *Bruno Taut: Visionär und Weltbürger.*)

제 2 장

- 그림 1. 라이트
- 그림 2. 봉황전(鳳凰殿)
- 그림 3. 「오하시 주변 아타케의 저녁녘(大はしあたけの夕立)」
- 그림 4. 제국호텔
- 그림 5. 로비 저택 (CC license, Lykantrop(2007)
- 그림 6. 바스무트 포트폴리오(1910)와 석판화 도면 (Courtesy of Douglas M. Steiner, Edmonds, Washington, USA.)
- 그림 7. 코르뷔지에
- 그림 8. 미스
- 그림 9. 그로피우스 (Hans G. Conrad 촬영)
- 그림 10. 베렌스
- 그림 11. 복원된 바르셀로나 파빌리온 (CC license, Hans Peter Schaefer(2002).
- 그림 12. 크리스탈 팰리스
- 그림 13. 프랑스 르 아브르의 거리 전경(CC license, Erik Levilly (2006).
- 그림 14. 후지이 코지(藤井厚二) (藤井 가문 제공)
- 그림 15. 조치쿠쿄(聽竹居) (古川泰造 촬영, 竹中工務店 제공.)
- 그림 16. 조치쿠쿄, 남측 파사드 (松隈章 촬영, 竹中工務店 제공.)
- 그림 17. 조치쿠쿄, 부채형 목제 선반 (상동)
- 그림 18. 호리구치 스테미(堀口捨己) (堀口 가문 제공)

제 4 장

IWANAMI 91

일본 건축 이야기
-구마 겐고가 들려주는 일본 건축의 본질과 미래-

초판 1쇄 인쇄 2026년 1월 10일
초판 1쇄 발행 2026년 1월 15일

지은이 : 구마 겐고
옮긴이 : 서동천

펴낸이 : 이동섭
편집 : 이민규
책임 편집 : 유연식
디자인 : 조세연
표지 디자인 : 공중정원
기획 · 편집 : 송정환
영업 · 마케팅 : 조정훈
e-BOOK : 홍인표, 김은혜, 정희철
라이츠 : 서찬웅
관리 : 이윤미

㈜에이케이커뮤니케이션즈
등록 1996년 7월 9일(제302-1996-00026호)
주소 : 08513 서울특별시 금천구 디지털로 178, B동 1805호
TEL : 02-702-7963~5 FAX : 0303-3440-2024
http://www.amusementkorea.co.kr

ISBN 979-11-274-9899-3 04540
ISBN 979-11-7024-600-8 04080 (세트)

NIHON NO KENCHIKU
by Kengo Kuma
Copyright © 2023 by Kengo Kuma
Originally published in 2023 by Iwanami Shoten, Publishers, Tokyo.
This Korean print edition published in 2026
by AK Communications, Inc., Seoul
by arrangement with Iwanami Shoten, Publishers, Tokyo